셀프트래블

푸꾸옥·나트랑

KB018916

상상출판

셀프트래블

푸꾸옥·나트랑

개정 1판 1쇄 | 2024년 6월 26일
개정 1판 2쇄 | 2024년 11월 25일

글과 사진 | 정승원
발행인 겸 편집인 | 유철상
편집 | 김정민, 김수현
디자인 | 주인지, 노세희
마케팅 | 조종삼, 김소희
콘텐츠 | 강한나

펴낸 곳 | 상상출판
주소 | 서울시 성동구 뚝섬로17가길 48, 성수에이원 지식산업센터 1205호(성수동 2가)
구입 · 내용 문의 | **전화** 02-963-9891(편집), 070-7727-6853(마케팅)
팩스 02-963-9892 **이메일** sangsang9892@gmail.com
등록 | 2009년 9월 22일(제305-2010-02호)
찍은 곳 | 다라니
종이 | ㈜월드페이퍼

※ 가격은 뒤표지에 있습니다.

ISBN 979-11-6782-201-7(14980)
ISBN 979-11-86517-10-9 (SET)

셀프트래블

푸꾸옥·나트랑

맵북 & 트래블 노트
Mapbook & Travel Note

들고 보는 해외여행 가이드북

**'24~'25
최신판**

상상출판

Phu Quoc & Nha Trang Q&A
푸꾸옥 & 나트랑 여행 전 꼭 알고 싶은 9가지

Q1. 푸꾸옥 & 나트랑 여행만의 매력은 뭘까요?

A1. 푸꾸옥과 나트랑은 배낭여행자의 메카였으나 최근 들어 세련된 5성급 리조트가 속속 들어서고 있다. 그만큼 최신 리조트를 비교적 저렴한 가격으로 이용할 수 있다는 장점이 있다. 일 년 내내 따뜻한 바다를 둘러보는 호핑 투어와 저렴한 가격으로 즐길 수 있는 스쿠버 다이빙 또한 이곳을 여행하는 또 다른 이유이다. 저렴하게 즐길 수 있는 해산물과 맛있는 쌀국수, 여행의 피로를 풀어주는 마사지까지. 그야말로 휴양에 최적화된 여행을 즐길 수 있다.

Q2. 어떤 사람이 여행하면 좋을까요?

A2. 유명한 유적지나 세련된 도심, 혹은 기기묘묘한 자연경관이 있는 것은 아니다. 다양한 볼거리를 찾아 푸꾸옥과 나트랑으로 떠난다면 실망할 수 있다. 대신 푸꾸옥과 나트랑은 따뜻하고 아름다운 바다와 해변, 눈부신 햇살이 매력적인 휴양지로, 일상의 스트레스를 풀기 위한 최고의 여행지다. 해변의 선베드에서 한껏 여유를 부리다가 심심해지면 수영이나 스노클링 투어를 떠나고, 저녁 시간에는 저렴한 해산물을 즐기고 싶다면 더없이 만족스러운 여행지가 될 것이다.

Q3. 입맛 까다로운 사람에게도 괜찮을까요?

A3. 음식만을 중심으로 고려한다면, 베트남에서는 사실 다낭과 하노이가 가장 좋은 여행지다. 그러나 베트남 사람들도 신선한 해산물을 푸짐하게 즐기기 위해 **푸꾸옥**을 방문한다. **나트랑**은 베트남 최대의 휴양지인 만큼 다양한 국적의 음식을 선보이는 레스토랑이 많다. 수준급의 인도 커리나 그리스, 태국, 러시아 음식 등 다양하고 새로운 음식을 접하는 재미가 있다.

Q4. 언제 여행하면 좋을까요?

A4. **푸꾸옥**은 시원한 바람과 화창한 날씨, 잔잔한 바다가 어우러지는 겨울이 최고의 여행 시기이다. 수온도 따뜻해서 스노클링이나 수영에 더할 나위 없이 좋다. 5~10월은 우기로 더위를 식히는 비가 일주일에 두세 번 쏟아진다. 여행자들이 주로 찾는 서쪽 해변은 바람의 영향으로 수영하기 좋지 않고 스노클링 또한 제한되므로 되도록 11월에서 4월 사이에 푸꾸옥을 방문하는 것이 좋다. **나트랑**은 일 년 내내 안정적인 날씨로 우기에도 비가 거의 내리지 않아 최고의 휴양지다운 면모를 보인다. 겨울에도 크게 춥지 않아서 스노클링이나 해수욕을 즐길 수 있다. 다만 5~6월경에는 무더운 날씨로 인해 시내 도보 관광이나 서핑 등 액티비티를 하기엔 좋지 않다.

Q5. 어떤 숙소를 고르는 게 좋을까요?

A5. 두 지역 모두 배낭여행자의 메카였던 만큼, 최신식 리조트 외에도 다양한 가격대의 숙소를 찾아볼 수 있다. **나트랑**의 경우 여행자 거리에, **푸꾸옥**의 경우 롱 비치가 있는 즈엉동에 저가의 숙소와 여행사, 마트, 저렴한 레스토랑 등이 모여 있다. 숙소를 크게 중시하지 않고, 다양한 투어 프로그램을 이용하려는 사람은 이곳에 숙소를 정하는 것이 편리하다. 리조트에서 시간을 보내고 싶다면, 무엇보다 취향에 맞는 곳을 찾는 게 중요하다.

Q6. 항공권은 언제 사는 게 좋을까요?

A6. 항공권의 가격은 보통 3개월 전에 책정되며 일찍 살수록 저렴한 좌석을 구할 수 있다. 푸꾸옥과 나트랑 모두 직항노선이 증가하는 추세로, 갑작스럽게 시행하는 프로모션 등을 이용할 수도 있다. 많은 사람이 몰리는 휴가철이나 명절, 연휴에는 개인적으로 항공권을 사는 것보다 호텔과 항공권, 각종 투어를 모두 묶은 여행사의 패키지 상품이 더 저렴할 수도 있으므로 잘 비교해 보자.

Q7. 자유여행? 패키지여행?

A7. **푸꾸옥**은 베트남에서도 치안이 좋은 지역 중 하나이지만, 여행 인프라가 상대적으로 덜 발달되어 자유여행에 불편할 수 있다. **나트랑**은 치안이 크게 나쁘지는 않지만, 택시기사의 지나친 바가지가 종종 문제되고 있다. 두 곳 모두 많은 여행자가 머무는 만큼 현지인 외에도 여행자에 의한 범죄를 주의해야 한다. 자신이 없다면 공항 픽업과 호텔 예약을 도와주는 여행사의 여행 상품을 이용하는 것도 좋다. 개인적으로 택시를 흥정하거나 투어를 각각 알아보는 것보다 저렴하고 편리하게 여행할 수 있다.

Q8. 가족 여행에 좋은 곳은 어디인가요?

A8. 푸꾸옥과 나트랑 모두 가족 여행의 메카로 입소문이 나 있다. 넓은 수영장이 있는 가성비 좋은 리조트와 한나절 신나게 즐길 수 있는 놀이동산, 가족 여행에 꼭 필요한 워터파크, 수심이 얕은 바다 덕분에 안전하고 저렴하게 즐길 수 있는 스노클링까지. 푸꾸옥과 나트랑 모두 가족 여행에 최고의 여행지라고 자부한다.

Q9. 푸꾸옥 & 나트랑 여행에 꼭 필요한 것은 뭐가 있을까요?

A9. **푸꾸옥**이나 **나트랑**은 물론, 베트남 전 지역은 45일간 무비자로 체류가 가능하며, 출입국 카드를 작성할 필요도 없다. 전압도 220V이므로, 별도의 어댑터 역시 필요 없다. 음식이 우리 입맛에 잘 맞는데다 현지의 마트에서 소주와 라면까지 쉽게 구입할 수 있다. 결국 여행에 꼭 필요한 것은 국내를 여행할 때 필요한 준비물과 똑같다. 여권만 잘 챙기자!

싱싱하고 달콤한
베트남의 열대과일 맛보기!

동남아 지역의 매력 중 하나는 싱싱한 열대과일을 마음껏 먹을 수 있다는 점 아닐까? 평소라면 비
싸서 살까 말까 고민했을 열대과일, 혹은 흔히 보기 힘든 과일들을 소개한다. 이색적인 과일의 생
김새를 기억해 두었다가 마트나 시장에서 현지인처럼 능숙하게, 그리고 망설임 없이 골라보자.

❶ 망고 Mango
베트남에서는 1일 1망고가 기본~ 덜 익은 푸른 망고에
서부터 잘 익은 노란 망고까지 다양한 종류를 맛보자.

❷ 망고스틴 Mangosteen
일명 열대과일의 여왕! 두꺼운 껍질을 벗겨내면 나오
는 하얀 속살이 상큼하면서도 달다. 껍질에서 나오는
붉은색 물은 옷에 묻으면 빠지지 않으므로 주의!

❸ 람부탄 Rambutan
저렴하면서도 달고 새콤한 맛~
차게 먹으면 더 맛있다.

❹ 두리안 Durian
특유의 냄새 때문에 호불호가 갈리는 '과일의 왕'.
냄새 때문에 호텔 내에서는 먹지 못하게 하는 경우가
많으므로 확인할 것!

❺ 용과 Dragon fruit
끝 맛이 깔끔해 후식으로 자주 등장한다.

❻ 용안 Longan
견과류 같은 껍질을 까면 부드러운 하얀 속 알맹이가!
용의 눈과 닮았다고 해서 용안이라는 이름이 붙었다.

❼ 잭프루트 Jack fruit
주황색의 달고 향긋한 속살은 말린 과자로도 인기!
두리안과 비슷하지만 돌기가 더 적다.

❽ 패션프루트 Passion fruit
단단한 껍질 속 새콤달콤한 맛. 새빨갛고 예쁜 색감
덕분에 음료로도 많이 즐긴다.

❾ 커스터드애플 Custard apple
선인장 열매처럼 생겼지만 부드러운 촉감의 과육이
은은한 단맛을 낸다.

❿ 라임 Lime
쌀국숫집 어디서나 볼 수 있는 라임. 신맛이 강해
느끼한 맛을 잡는다!

⓫ 자몽 Grapefruit
시큼상큼한 핑크빛 과일~ 비타민 C도 풍부하다.

⓬ 오렌지 Orange
일반 오렌지보다 상큼한 베트남 오렌지. 녹색 껍질을
벗기면 예쁜 주황빛이~

⓭ 코코넛 Coconut
열대과일의 상징인 코코넛! 미네랄이 풍부한
코코넛워터는 갈증 해소에 좋으며, 과육도 고소하다.

⓮ 파파야 Papaya
잘 익으면 주황색 속살이 단맛을 내며, 각종 샐러드의
재료로도 쓰인다.

⓯ 구아바 Guava
단맛은 적지만 비타민은 귤의 3배 이상 함유!

⓰ 아보카도 Avocado
천연버터처럼 부드럽고 깊은 맛~

⓱ 사과대추 인도대추, Indian jujube
우리가 아는 녹색 대추 열매보다 좀 더 크고,
이름처럼 사과와 덜 익은 대추의 중간 정도 맛이 난다.

⓲ 밀크프루트 Milk fruit
반을 가르면 우윳빛 속살이 나온다. 우유처럼 부드러
운 느낌에 달달한 맛이 난다.

⓳ 스타프루트 Star fruit
단면이 별 모양과 닮았다 하여 이름 붙여진 과일로,
단맛이 강하지 않아 각종 허브와 함께 샐러드로 주로
먹는다.

사는 재미, 선물하는 즐거움!
푸꾸옥과 나트랑의 기념품 열전

베트남은 짝퉁시장이 있을 정도로 가짜 제품이 많으므로 시장이나 여행자 거리에서는 물건을 주의해서 구입하자. 시장에서는 흥정이 필수로, 적절한 가격을 모르면 바가지를 쓸 위험이 있다. 그러나 전반적으로 무척 저렴하므로 손해 볼까 봐 크게 부담 가질 필요는 없다.

나트랑은 곳곳의 대형마트와 세련된 상점들 덕분에 베트남 어느 곳보다도 훨씬 더 편하게 쇼핑할 수 있는 인프라가 갖춰져 있다. 푸꾸옥은 큰 마트가 없어 기념품 구입이 불편하게 느껴지지만 곳곳의 작은 상점이나 야시장에서 특별한 기념품을 발견하는 재미가 있다.

★ 가방 가득 채워도 부담 없는 베트남 먹거리

노니차, 여주차, 아티초크차

건강 차 3종 세트, 저렴하고 질도 좋다.

제비집 음료

미용에 좋다는 제비집 음료!
맛도 꽤 괜찮다.

각종 홍차, 우롱차, 녹차

세계적인 브랜드 딜마 외에도
저렴하고 질 좋은 홍차와 우롱차,
녹차가!

건과일

오독오독 씹는 맛~
비나밋의 고구마와 잭프루트,
망고를 추첸!

건어물

맥주 도둑!
대부분 조미되어 있으니
첨가물을 잘 보고
좋아하는 맛으로 살 것.

꿀

선물용으로 좋은
간편 포장된 꿀~

달랏 와인

분위기 낼 때 한 병씩~
작은 사이즈도
있어 부담 없다.

유기농 캐슈너트

고소해서 안주로 딱!

인스턴트라면

하오하오 새우맛이나
비폰 퍼띳보 라면을 추첸!

피시소스, 핫소스, 간장소스

베트남을 떠올리게 하는 각종 소스.
특히 푸꾸옥에서 생산되는
피시소스(느억맘)는 질이 좋기로 유명하다.

치즈

국내보다 저렴하고 종류도 다양하다.
냉장 보관해야 하는 만큼
여행지에서 먹자!

★ 후기 좋은 강추 쇼핑 품목

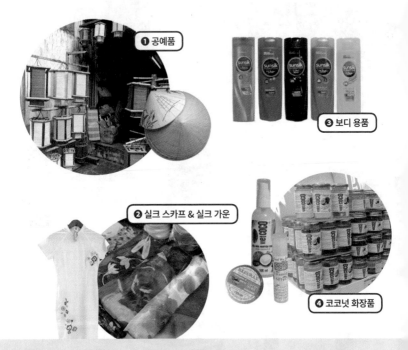

❶ 공예품

❸ 보디 용품

❷ 실크 스카프 & 실크 가운

❹ 코코넛 화장품

❶ 공예품
베트남 여행을 기념하기엔 뭐니 뭐니 해도 전통 공예품이 최고! 대나무 등이나 전통 모자(농), 나무를 깎아 만든 장식품 등 가져오기에 부담스럽지 않은 공예품을 골라보자. 푸꾸옥과 나트랑의 특징이 잘 드러난 마그네틱, 엽서 등도 인기 있는 기념품이다. 작은 크기에 가격도 저렴한 편이라 많이 사도 부담되지 않는다. 전통 모자는 여행 내내 쓰고 다니며 햇볕을 피할 수도 있는 유용한 아이템!

❷ 실크 스카프 & 실크 가운
특히 나트랑의 나트랑 센터에서 많은 실크 브랜드 매장을 찾아볼 수 있는데, 기성품이지만 저렴하게 실크 제품을 구입하기 좋다. 부드러운 촉감의 실크 가운은 선물용으로 제격!

❸ 보디 용품
마트에서는 세계적인 브랜드의 보디 용품들도 저렴하게 구입할 수 있다. 특히 선실크 샴푸, 트리트먼트가 인기. 보들보들 우윳빛 피부를 위해 요거트 향의 입욕제 겸 보디 스크럽 아보네 스파 밀크 솔트도 추천한다.

❹ 코코넛 화장품
몸에 좋지만 피부에는 더 좋은 코코넛으로 만든 화장품. 추운 날에는 굳어버리는 특성상 로션보다는 립밤이나 크림이 사용하기 편리하다. 식용 코코넛 오일보다 피부나 헤어에 더 잘 흡수되고, 향긋한 허브향 덕분에 쓰기 좋다. 선물로 사 가면 생각보다 훨씬 인기 있다. 가격도 저렴해서 선물용으로 더할 나위없는 품목이다.

⑤ 크록스

⑥ 달리치약

⑦ 연고

⑧ 후추

⑨ 진주

---

⑤ 크록스
베트남 쇼핑 품목에서 항상 언급되는 '메이드 인 베트남' 제품은 세월에 따라 유행을 타는데, 최근에는 크록스가 핫하다. 진품이냐 짝퉁이냐 설왕설래가 한창이지만 파는 자만이 알 뿐. 가격을 보면 짝퉁일 가능성이 99%지만, 워낙 저렴한데 퀄리티도 괜찮아 부담 없이 신기 좋다.

⑥ 달리치약
입안이 개운해지는 강렬한 느낌 덕분에 한국에서도 인기 있는 달리 치약. 태국산이지만 베트남에서도 저렴하게 구입할 수 있다. 향에 따라 가격이 조금씩 다른데, 대체로 천연 물질로 만들어진 초록색 치약과 미백에 좋은 성분이 들어간 파란색 치약이 인기 있다. 14일이면 치아가 하얘진다고 하니 열심히 칫솔질을 해보자.

⑦ 연고
호랑이 연고, 별 연고 등 다양한 종류의 '만능 연고'가 유명하다. 상쾌한 허브향이 나며, 근육통이 있는 곳에 바르면 시원한 느낌이 들어 통증을 완화하는 효과가 있다. 패키지도 다양해 대단한 효과를 기대하지 않는다면 기념품으로 나쁘지 않다.

⑧ 후추
푸꾸옥 특산물인 후추. 특히 녹후추와 백후추는 다른 지역에서 보기 힘드므로, 기념으로 구입해 선물해 보재. 생 후추는 기내 반입이 어려우므로 주의!

⑨ 진주
진주 역시 푸꾸옥 특산물로, 좋은 퀄리티의 제품을 저렴하게 구입할 수 있어서 베트남 현지인들에게도 매우 인기 있다. 진주 마니아라면 이 기회를 놓치지 말재!

푸꾸옥

N

건저우 곶
건저우 해변
자이 해변
빈펄 원더월드
빈펄 리조트 & 스파
쉐라톤 푸꾸옥 롱비치 리조트
빈원더스 푸꾸옥
빈펄 병원
그랜드 월드 푸꾸옥
혼도이모이섬
(터틀 아일랜드)

작벰 해변
작벰 어촌 마을
건저우 트레일 입구

푸꾸옥 국립공원

빈펄 사파리

미담 타오
분꾸어이 까엔 써이
빈홀리데이 피에스타

봉바우 리조트 레스토랑
봉바우 리조트

꿀벌 농장

봉바우 해변
혼몽따이섬
(핑거네일 아일랜드)
그린베이 리조트
옹랑 비치 바
옹랑 해변
마이조 레스토랑
카미아 리조트 & 스파
로투스 스파
망고베이 리조트
온 더 록스 레스토랑
플리퍼 다이빙 클럽

더 셸 리조트 & 스파

분꾸어이 까엔 써이
K+
부이 마트
분꾸어이 까엔 써이

후추 농장

즈엉동 마을 (p.77)

엠 빌리지
반쎄오 꾸어이 3
고디바 호텔
베르사유 머드 스파
아이리스 카페
진주 농장
에덴 리조트
롱 비치(쯔엉 해변)
푸꾸옥 국제 공항

함닌 부두

솔 바이 멜리아
소나시 아시장
나항썬
무엉탄 럭셔리 호텔
소나시 쇼핑 거리
노보텔
세일링 클럽
인터컨티넨탈 리조트

바이봉 선착장

호국사

담 해변

파라디소 레스토랑
사오 해변
하일랜드 커피
푸꾸옥 감옥
껨 해변
껨또따이껌
뉴월드 리조트
JW 메리어트
선 월드 해상 케이블카 탑승장
선셋 타운
반쎄오 꾸어이2
프리미어 빌리지 리조트
안터이 항
옹도이 곶

안터이 군도
선 월드 혼텀(9km)
혼텀섬 해변 레스토랑(9km)

캄보디아
Cambodia

호치민
붕따우
푸꾸옥
베트남
Vietnam

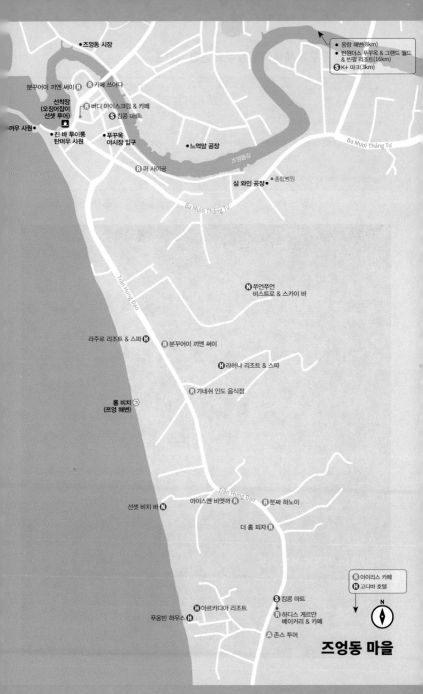

- 즈엉동 시장

분꾸어이 끼엔 써이 ® ® 카페 쓰어다

선착장
(오징어잡이
선셋 투어)
꺼우 사원 •
진 바 투이롱
탄머우 사원
® 버디 아이스크림 & 카페
⑤ 킹콩 마트
푸꾸옥
야시장 입구

• 느억맘 공장

즈엉동강

® 퍼 사이공

심 와인 공장 • 종립병원 •

Ba Mười Tháng Tư

Ba Mười Tháng Tư

- 옹랑 해변(8km)
- 빈원더스 푸꾸옥 & 그랜드 월드
  & 빈펄 리조트(16km)
⑤ K+ 마크(3km)

Tran Hưng Đạo

ⓝ 쭈언쭈언
비스트로 & 스카이 바

라주르 리조트 & 스파 ⓗ ® 분꾸어이 끼엔 써이

ⓗ 라하나 리조트 & 스파

® 가네쉬 인도 음식점

롱 비치
(쯔엉 해변)

Tran Hưng Đạo

선셋 비치 바 ⓝ 아이스맨 비엣까 ® ® 분짜 하노이

더 홈 피자 ®

® 아이리스 카페
ⓗ 고디바 호텔

N

⑤ 킹콩 마트
ⓗ 아르카디아 리조트 ® 하디스 게르만
푸옹빈 하우스 ⓗ 베이커리 & 카페
Ⓐ 존스 투어

즈엉동 마을

★ 빈원더스 푸꾸옥 세부 지도 & 주요 공연 시간표

물고기 먹이 주기 쇼(피딩 쇼Feeding Show)	15:00(15분간)
인어 쇼(머메이드 쇼Mermaid Show)	11:00, 14:00(각 10분간)
와일드 댄스 쇼 Wild Dance Show	16:30(5분간)
음악분수(뮤직 워터 파운틴 쇼Musical Water Fountain shows)	11:30, 14:00, 17:30(각 10분간)
원스 쇼 Once Show ★추천	18:30(20분간)
워터파크Water Park	09:00~18:00

*공연 종류 및 시간은 변동이 잦아 방문 전 홈피 확인 필수

빈원더스 푸꾸옥 세부 지도

- **01** 유럽풍 거리
- **02** 꿈의 궁전(원스 쇼, 음악분수 쇼)
- **03** 실내오락실
- **04** 타이푼 월드Typhoon World
  (워터파크)
- **05** 어드벤처 월드Adventure World
  (놀이공원)
- **06** 씨셸The Sea Shell(아쿠아리움)
- **07** 바이킹 빌리지Viking Village
  (어린이 놀이공원 및 체험존)
- **08** 판타지 월드Fantasy World
  (유아 놀이공원 및 체험존)
- **H** 화장실
- **✛** 응급실

★ 빈펄 사파리 세부 지도 & 주요 공연 시간표

동물 쇼 Animal Show	10:00~10:30(매일), 14:00~14:30
줄루 쇼 Zulu Show	09:20, 11:20, 15:30(30분간)
사파리 투어 버스	09:00~16:00(마지막 차량 출발 시간 15:20)

*공연 종류 및 시간은 변동이 잦아 방문 전 홈피 확인 필수

빈펄 사파리 세부 지도

- Ⓟ 주차장
- ⓘ 고객센터
- 🔒 쇼핑 거리
- 🎫 매표소
- 🔐 사물함

- 🚌 버스 정류장
- 📷 포토 스팟
- ✕ 레스토랑
- ♨ 동물 쇼 공연장
- 🚻 화장실

- ➕ 응급실
- ▭ 동물원 워킹 트레일
- ▬ 사파리 버스 코스

안터이 군도

N

📍안터이 항

혼조이섬

혼텀섬
(파인애플섬)

혼낌끼섬
(노랑거북섬)

혼봉섬

혼머이줏섬

혼감기섬

혼몽따이섬
(핑거네일섬)

혼쫑 곶 →

혼쫑 해변(750m) ●
도 시어터(5km) ●
화란섬 & 원숭이섬(19km) ●
쪽렛 해변(46km) ●
랄리아 닌반 베이(19km) ℍ
식스센스 닌반 베이(19km) ℍ
아미아나 리조트 & 스파(6km) ℍ
싱글핀 서프 스쿨(1km) Ⓐ
아이리조트 머드 스파(5km) Ⓐ

...센 스파

후에 • • 다낭
• 호이안

베트남
Vietnam

나트랑 •

• 호치민

뽀나가르 참탑 ●

클럽 시푸드
음식점 밀집 지역

락깐 Ⓡ

덤 시장 ●

넴느엉 부탄안 Ⓡ

퓨어 베트남 Ⓜ

미켈리아 호텔 ℍ

Ⓡ 롱까게오
Ⓢ 고! 나트랑(1km)

Ⓢ 롯데마트

알렉산드르
예르생 박물관 ●

선라이즈 호텔 ℍ

• 롱선사

롯데마트 Ⓢ
④

꼰 피 63 Ⓡ
Ⓡ KFC

골드 코스트 몰 Ⓡ
Ⓢ 나트랑 센터
KFC

나트랑 기차역 🚉

나트랑 대성당 ●

쉐라톤 호텔 ℍ
Ⓝ 앨티튜드 루프톱 바
Ⓡ 피스트 뷔페 레스토랑

쭈언쭈언 킴 Ⓡ

콩 카페 Ⓡ

인터컨티넨탈 호텔 ℍ

→ 양바이 폭포(40km)

안 커피 로스터 Ⓡ

베트남 액티브 Ⓐ
퍼 홍 Ⓡ
썸머이 시장 ●

빈컴
플라자
레탄똔 Ⓢ

해피 비치 클럽 Ⓝ
하바나 나트랑 호텔 ℍ
Ⓝ 스카이라이트
Ⓡ 아이스드 커피

음식점 & 카페
밀집 지역

65번지 과일 가게 Ⓡ

올리비아 이탈리안 레스토랑 Ⓡ

안 카페 Ⓡ

흥 왕 사원 ●
안 카페 Ⓡ

Ⓐ 나트랑 시스타

짜오마오 Ⓡ
하이카우 Ⓡ

Ⓡ 리빈
콜렉티브

그린월드 호텔 ℍ

노보텔 ℍ

레갈리아
골드 호텔 ℍ

나트랑 해변 Ⓝ

랑응온 Ⓡ

리버티
센트럴 호텔 ℍ

세일링 클럽 Ⓝ

나트랑 여행자 거리(p.157)

N

나트랑

해양박물관(3km) ●
꺼우다 선착장 & 혼째섬(3km) ●
빈원더스 나트랑 & 빈펄 리조트(7km) ●
자이 해변(27km) ●
깜란 국제공항(33km) ✈
나트랑 메리어트 리조트 & 스파(7km) ℍ
미아 리조트(16km) ℍ
더 아남(22km) ℍ
퓨전 리조트(29km) ℍ
혼땀 머드 스파(10km) Ⓜ

Ⓝ 루이지애나
브루하우스

나트랑 여행자 거리

음식점 & 카페
밀집 지역

⑧ 분짜 홍브엉

N

⑧ 키와미

⑧ 꽌 분까 민
⑧ 반미판
ⓗ 사타 호텔

● 야시장 거리

⑧ 브이 프루트

● 시청

⑧ 과일 가게
ⓗ 그린월드 호텔   Nguyễn Thị Minh Khai
⑧ 미쉐

Nguyễn Thị Minh Khai
ⓗ 레갈리아 골드 호텔

⑧ 콩 카페

이비스 스타일 나트랑 ⓗ
갈리나 호텔 머드 스파 ⓜ

ⓗ 메이플
호텔 & 아파트먼트
ⓗ 노보텔

고시아 호텔 ⓗ

무엉탄 호텔 ⓗ

● 나트랑 해변 ⓑ

● 신 투어리스트
여행사

바이크 →
수리 & 렌트숍
ⓗ 에델레 호텔

Biệt Thự
⑧ 가랑갈

⑧ 쭉 린 2
Biệt Thự

ⓗ 리버티
센트럴 호텔

Biệt Thự

아이스드 커피 ⑧

메이플 립 호텔 ⓗ

⑧ 가네쉬 인도 음식점

세일링 클럽 ⓝ

ⓢ 빈컴 플라자
쩐푸

경찰서 ●

⑧ 놈놈 퓨전 음식점

병원 ●

빈원더스 나트랑 세부 지도

VINPEARL

빈펄 럭셔리 나트랑 빌라

빈펄 럭셔리 나트랑 빌라 ▶

◀ 나트랑 메리어트 리조트 & 스파

빈펄 나트랑 리조트

빈펄 나트랑 리조트

케이블카 역

놀이동산

◀ 빈펄 나트랑, 빈펄 나트랑 리조트 & 빌라

죽립사원

월드 가든 (식물원)

트로피칼 파라다이스 (워터파크)

◀ 빈펄 나트랑 베이 리조트 & 빌라

케이블카 역 & 선착장

Coming Soon

- 🚡 스피드보트 선착장
- ⑫ 타바소
- ⑰ 이쿠아리움
- ㉒ 음악분수
- ㉗ 왕의 성, 시물함
- ㉜ 파도풀
- ㉟ 클룸 풀베이
- ㉟ 동물 쇼 공연장
- ㊴ 롯데마트
- ㊹ 알파인 코스터
- ㉑ 짚라인

- ㉘ 스카이 휠
- ㉙ 홍학 호수
- ⑩ 조류관
- ⊕ 화장실
- 🍴 음식점
- 📷 사진 키오스크
- ℹ 안내센터
- 🚏 툭툭 정류장
- 🎁 기념품 상점
- 🔌 휴식공간

- ⑨ ~ ⑮
- ⑯ ~ ㉑
- ㉔ ~ ㉛
- ㉜ ~ ㉜
- ㉟ ~ ㉟
- ㉟ ~ ㊲ 킹스가든(동물원)
- ㊷ 놀이동산
- ㉒ ~ ㉔ 월드 가든(식물원)
- ㉕ ~ ㉜ 월드 가든(식물원)

메모해 두자! 필수 연락처

푸꾸옥과 나트랑을 여행할 때 알아두면 좋을 연락처를 모았다.
택시회사의 전화번호는 가짜 택시를 구별할 때도 유용하다.

한국 대사관(하노이 소재)
주소 28th Fl. Lotte Center Hanoi, 54 Lieu Giai St.,
  Ba Dinh District, Hanoi, Vietnam
운영 월~금 09:00~16:00
전화 024-3771-0404, 긴급 090-402-6126
홈피 vnm-hanoi.mofa.go.kr
메일 korembviet@mofa.go.kr

한국 영사관(호치민 소재)
주소 107 Nguyen Du St. Dist 1, Ho Chi Minh city,
  Vietnam
운영 월~금 08:30~17:30
전화 028-3822-5757, 긴급 093-850-0238
홈피 vnm-hochiminh.mofa.go.kr
메일 hcm02@mofa.go.kr

택시회사
○ 푸꾸옥
마이린
전화 0297-397-9797
홈피 mailinh.vn

푸꾸옥 택시
전화 0918-790-001
홈피 taxiphuquoc.id.vn

○ 나트랑
마이린
전화 0258-3838-3838
홈피 mailinh.vn

비나선
전화 0258-3827-2727
홈피 www.vinasuntaxi.com

병원
○ 푸꾸옥 & 경유지
Vinmec Phu Quoc(24시간)
주소 Gành Dầu, Phú Quốc
전화 0297-3985-588
홈피 vinmec.com

FV Hospital 호치민(한국어 가능)
주소 6 Nguyễn Lương Bằng, Tân Phú, Quận 7,
  Hồ Chí Minh
전화 028-5411-3500
홈피 www.fvhospital.com

Vinmec Hospital 하노이(24시간, 한국어 통역)
주소 458 P. Minh Khai, Khu đô thị Times City,
  Hà Nội
전화 024-3974-3556
홈피 vinmec.com

○ 나트랑
Bệnh viện 22-12(24시간)
주소 34/4 Nguyễn Thiện Thuật, Tân Lập,
  Nha Trang
전화 0258-3528-857
홈피 www.benhvien22-12.com

Vinmec Nha Trang
주소 Vĩnh Nguyên, Nha Trang
전화 0258-3900-168
홈피 www.vinmec.com

안전하게! 즐겁게! 베트남 즐기기

여행은 떠나는 것보다 즐겁게 돌아오는 게 더 중요하다.
낯선 곳인 만큼 사고가 나면 대처하기가 쉽지 않으므로 안전과 관련된 정보를 정리했다.

Q1. 베트남의 치안, 괜찮은가요?

A1. 사회주의 국가인 만큼 강력범죄가 문제되는 나라는 아니다. 그러나 여행자는 범죄의 표적이 되기 쉬우므로 늘 주의하자. 예를 들어 나트랑에서는 달리는 오토바이가 가방을 낚아채 가는 사례가 있다. 밤늦게 골목을 헤맨다거나 낯선 사람을 쉽게 믿고 따라가는 일도 없어야 한다. 그 외에는 대체로 안전한 편이다. 소지품이나 여권을 도난당하거나 분실한 경우에는 현지 경찰에 도난이나 분실신고를 하고 증명서를 발급받아야 여행자보험 회사에서 보상을 받거나 영사관·대사관에서 여행증명서를 받아 출국할 수 있다.

Q2. 사고 위험은 없나요?

A2. 오토바이가 주요 교통수단인 베트남의 교통은 악명이 높은 만큼 교통사고율도 높은 편이다. 국제면허증이 없어도 쉽게 오토바이를 대여할 수 있지만 사고 시 문제가 될 수 있다. 스노클링이나 해수욕을 즐길 때, 놀이기구를 탈 때도 한국에서보다 특히 주의가 필요하다. 외교부 해외안전여행사이트(p.228)를 참고하자.

Q3. 갑자기 아프면 어떡하죠?

A3. 병원비가 저렴한 편이므로 몸이 아프면 빠르게 병원을 찾는 것이 좋다. 현지 음식을 먹고 장티푸스, 간염, 콜레라, 이질, 식중독, 기생충 질환이 발생할 수 있다. 떠나기 전 간염 항체가 있는지 먼저 확인하자. 병에 든 미네랄워터 외에 일반 식당에서 제공하는 얼음과 물이나 생 야채는 피해야 한다. 말라리아, 뎅기열, 일본뇌염이 발생할 수 있으므로 모기 퇴치에 신경 쓰는 것이 좋다.

물놀이 시에는
아이, 어른 모두 특히 주의

서바이벌 베트남어 & 영어

베트남어는 성조가 있어 여행자들이 단시간에 배우기는 힘들다.
그러나 간단한 단어를 외워놓으면 현지인들에게 좀 더 친근하게 다가갈 수 있으며,
어떤 재료가 들어간 음식인지도 쉽게 알 수 있다. 영어가 잘 통하지 않으므로
긴 의사소통은 스마트폰의 번역 애플리케이션을 활용하는 것도 한 방법이다.

필수 단어

한국어	베트남어	영어
공항	sân bay [썬바이]	airport [에어포트]
경찰	công an [꽁안]	policeman [폴리스맨]
역	ga [가]	train station [트레인스테이션]
병원	bệnh viện [벤비엔]	hospital [호스피탈]
여권	hộ chiếu [호찌에우]	passport [패스포트]
약국	hiệu thuốc [히에우투옥]	pharmacy [파마시]
식당	nhà hàng [냐항]	restaurant [레스토랑]
도둑	ăn trộm [안쫌]	thief [띠프]
호텔	khách sạn [칵싼]	hotel [호텔]
화장실	nhà vệ sinh [냐베씬]	toilet [토일렛]
은행	ngân hàng [응언항]	bank [뱅크]
물	nước [느억]	water [워터]
한국	hàng quốc [한꿱]	Korea [코리아]
항생제	kháng sinh [캉신]	antibiotics [안티바이오틱스]
에어컨	máy điều hòa [마이 디에우 호아]	air conditioner [에어컨디셔너]
좋아요	thích [틱]	good [굿]
예뻐요	đẹp [뎁]	pretty [프리티]

한국어	베트남어	영어
안녕하세요	Xin chào [씬 짜오]	Hello [헬로]
고마워요	Cảm ơn [깜 언]	Thank you [땡큐]
고수를 넣지 마세요	Không cho rau ngò(rau mùi) [꽁 쩌 라우응오(라우무이)]	No coriander in the meal [노 코리앤더 인 더 밀]
잘 가요	Tạm biệt [땀비엣]	Good bye [굿 바이]
잘 지냈어요?	Bạn có khỏe? [반꼬 퀘?]	How are you? [하우 아 유?]
미안해요	Xin lỗi [씬 러이]	I am sorry [아임 쏘리]
괜찮아요	Không có chi [콩 꼬 찌]	You're welcome [유어 웰컴]
이름이 뭐예요?	Bạn tên gì? [반 뗀 찌?]	What is your name? [왓츠 유어 네임?]
네	Vàng [벙]	Yes [예스]
아니요	Không [콩]	No [노]
얼마입니까?	Bao nhiêu? [바오 니에우?]	How much is it? [하우 머치 이즈 잇?]
비싸요	Mắc quá [막 꾸아]	It's expensive [잇츠 익스펜시브]
이것은 무엇인가요?	Cái này là gì vậy? [까이나이라지바이?]	What is this? [왓츠 디스?]
배고파요	đói bụng [도이붕]	I am hungry [아임 헝그리]
택시를 불러주세요	Hãy gọi tắc xi chỗ giúp tôi [하이 고이 딱 시 쭙 또이]	Could you call me a taxi? [쿠주 콜 미 어 택시?]
세워주세요	Dừng lại [증 라이]	Stop the car [스톱 더 카]
영수증을 주세요	Cho tôi hóa đơn [쪼 또이 화 던]	Could I get a receipt [쿠다이 겟 어 리씨트]
(마사지) 살살 해주세요	nhè nhẹ [녜녜]	Weakly [위클리]
(마사지) 강하게 해주세요	mạnh [마안]	Strongly [스트롱리]
새해 복 많이 받으세요!	Chúc mừng năm mới! [쪽믕남 머이!]	Happy new year! [해피 뉴 이어!]

☆ Travel Note

☆ Travel Note

☆ Travel Note

SELF TRAVEL

믿고 보는 해외여행 가이드북
셀프트래블

셀프트래블은 테마별 일정을 포함한 현지의 최신 여행정보를
감각적이고, 실속 있게 담아낸 프리미엄 가이드북입니다.

푸꾸옥·나트랑

Phu Quoc·Nha Trang

정승원 지음

상상출판

Prologue

베트남 관광청에 따르면, 2023년 베트남을 방문한 한국인은 약 360만 명으로 베트남 해외 방문객 순위에서 1위를 차지했다. 베트남 여행지 중에서도 다낭, 나트랑, 푸꾸옥 순으로 방문객이 많았는데, 최근 나트랑, 푸꾸옥의 인기는 다낭의 뒤를 바짝 좇는 듯하다.

여행업계 사람들이 속된 말로 '뜨는 여행지'를 가늠하는 바로미터 중 하나는 저비용항공사의 취항 혹은 운행편 수다. 나트랑은 다낭에 비해 비행편 수는 적지만, 저비용항공사들의 공격적인 운행이 눈에 띈다. 비엣젯항공, 제주항공, 에어서울 등은 1일 2~3회 인천 출발편을 편성하였고, 티웨이는 인천, 부산, 청주 등 출발 공항을 다변화했다.

최근에는 다낭처럼 나트랑에도 '대한민국 나트랑시'라는 별명이 붙었는데, 나트랑의 주요 관광객이던 러시아인과 중국인을 제치고 한국인의 밀집도가 압도적으로 증가하면서, 여행자 거리 곳곳에서 한국어가 베트남어 못지않게 많이 들리기 시작했다. 게다가 한국인이 운영하는 식당, 마사지 숍, 기념품점, 온라인 기반 여행사 등이 기하급수적으로 늘어났고, 이는 현재도 진행 중이다.

이처럼 나트랑이 급부상한 이유는 무엇일까? 저렴한 물가와 럭셔리 리조트, 맛있는 베트남 음식과 해산물, 부담 없는 항공권 가격 등 너무 뻔한 이야기는 접어두도록 하자. 사실 나트랑은 오래전부터 베트남에서 가장 인기 있는 휴양지였다. 베트남 본투에 있는 해변 가운데 가장 맑고 깨끗한 비디와 긴 해안신을 자랑하는 눈부신 백사장, 해변가에 잘 조성된 야자수 산책로까지, 우리가 흔히 동남아의 휴양지에서 기대하는 외향적 조건을 잘 갖췄다. 특히 나트랑은 1년에 300일 이상 맑은 날씨가 지속되는 만큼 환상적인 날씨를 자랑한다. 휴양지에서 날씨만큼 중요한 게 또 있을까. 나트랑의 우기는 특이하게 9~12월이다. 다른 동남아 휴양지들이 한여름 휴가철에 우기를 맞는 것과 다르다. 물론 엄청난 더위는 감수해야 하지만, 한국의 불쾌지수 높은 날씨보다 낫다는 말이 많다.

나트랑 열풍 못지않게 주목을 끄는 곳이 또 하나 있으니, 바로 푸꾸옥이다. 2024년에 접어들면서 푸꾸옥 항공편 역시 계속 증가하고 있으며 대한항공까지 노선

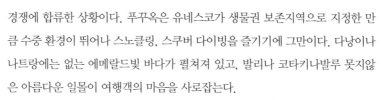

경쟁에 합류한 상황이다. 푸꾸옥은 유네스코가 생물권 보존지역으로 지정한 만큼 수중 환경이 뛰어나 스노클링, 스쿠버 다이빙을 즐기기에 그만이다. 다낭이나 나트랑에는 없는 에메랄드빛 바다가 펼쳐져 있고, 발리나 코타키나발루 못지않은 아름다운 일몰이 여행객의 마음을 사로잡는다.

푸꾸옥은 팬데믹 기간을 거치며 큰 발전을 보였다. 대형 리조트들이 새로 문을 열거나 리노베이션을 거쳤고, 북부 지역에 빈 그룹의 테마파크 빈원더스와 그랜드 월드가, 남부에는 선 그룹의 테마파크인 선셋 타운과 선 월드 혼텀이 자리를 잡았다. 바다만 바라보기에는 지루할 수 있는 휴양지에 임팩트 있는 볼거리, 즐길 거리를 선사한 것이다.

대한민국에서 하루하루의 삶은 바쁘고도 고되다. 게다가 봄에는 황사, 여름에는 불쾌지수, 겨울에는 추위로 잠시나마 현실 탈출을 꿈꾸게 된다. 이때, 여기저기 바쁘게 둘러보는 관광보다 온전한 휴식을 만끽할 수 있는 나트랑과 푸꾸옥만큼 제격인 곳은 없다. 그래서 탄생하게 된 『셀프트래블 푸꾸옥·나트랑』.

처음부터 이 책은 베트남 중에서도 대표적인 휴양지 2곳에만 집중하였다. 그러면서도 콤팩트한 사이즈에 꼭 필요한 최신 정보만을 엄선해 놓았다. 정보의 홍수 속에서 또다시 옥석을 가려내야 한다면 쉬러 가는 여행자 입장에서는 '골치 아픈 일'이 되기 때문이다. 한식당 혹은 한인이 운영하는 숍 등을 소개하기보다 까다로운 한국인들에게도 호평을 받는 가성비 로컬 식당과 숍들을 최대한 소개하려 했다. 해외여행인 만큼 현지 분위기를 느끼는 것도 중요하기 때문이다. 가족 여행객이나 느긋하게 휴양을 즐기는 솔로 여행객들을 염두에 두다 보니, 3~5성급 리조트와 가성비 숙소가 주를 이뤘다. 아직 검증되지 않은 최신 숙소들은 잠시 보류해 두었지만, 매년 개정판을 낼 때마다 최신 정보로 보완해 갈 생각이다. 아무쪼록 이 책이 나트랑과 푸꾸옥에서 보낼 소중한 시간을 풍성하게 만들어 줄 수 있기를 기대해 본다.

2024년 6월 정 승 원

Contents
목차

Mission in
Phu Quoc &
Nha Trang

Enjoy
Phu Quoc &
Nha Trang

푸꾸옥 Phu Quoc **56**

진 꺼우 사원 | 롱 비치 | 진 바 투이롱 탄머우 사원 | 옹랑 해변
붕바우 해변 | 푸꾸옥 야시장 | 즈엉동 시장 | 빈원더스 푸꾸옥
그랜드 월드 푸꾸옥 | 빈펄 사파리 | 자이 해변 | 건저우 곶
푸꾸옥 국립공원 | 작뱀 어촌 마을 | 작뱀 해변 | 껨 해변
사오 해변 | 푸꾸옥 감옥 | 호국사 | 함닌 부두 | 안터이 항
안터이 군도 | 선셋 타운 | 선 월드 혼텀

나트랑 Nha Trang **134**

뽀나가르 참탑 | 롱선사 | 나트랑 대성당

알렉산드르 예르생 박물관 | 해양박물관 | 화란섬 & 원숭이섬

도 시어터 | 덤 시장 | 썸머이 시장 | 양바이 폭포 | 빈원더스 나트랑

Step to
Phu Quoc &
Nha Trang

Self Travel Phu Quoc & Nha Trang
일러두기

❶ 주요 지역 소개

『푸꾸옥 · 나트랑 셀프트래블』은 베트남의 휴양지인 푸꾸옥과 나트랑을 소개하고 있습니다. 베트남 전체를 여행하신다면 『베트남 셀프트래블』을 구입하시길 추천합니다.

❷ 알차디알찬 여행 핵심 정보

Mission 푸꾸옥과 나트랑에서 놓치면 100% 후회할 볼거리, 먹을거리, 살 거리 등 재미난 정보를 테마별로 보여줍니다. 내 취향에 맞는 것만 쏙쏙~ 골라 여행을 계획하세요.

Enjoy 푸꾸옥과 나트랑의 주요 스폿과 여행 테마에 따른 일정을 상세하게 소개합니다. 주소, 가는 법, 홈페이지 등 상세 정보는 물론, 알아두면 좋은 Tip도 수록했습니다.

Step 출입국 수속, 유용한 사이트, 알아두면 유용한 베트남어 회화를 실어 초보 여행자도 큰 어려움 없이 푸꾸옥 · 나트랑을 여행할 수 있도록 했습니다.

❸ 원어 표기

최대한 외래법을 기준으로 표기했으나 '나트랑(냐짱)', '호치민(호찌민)' 등 몇몇 단어는 한국 여행자들에게 익숙한 단어를 택했습니다. 베트남어에는 우리말에는 없는 성조가 있어 현지인들이 알아듣게 말하기 어렵습니다. 베트남 문자를 표기하였으니 주소나 이름을 현지 사람들에게 직접 보여주는 것을 추천합니다.

❹ 정보 업데이트

이 책에 실린 모든 정보는 2024년 6월까지 취재한 내용을 기준으로 하고 있습니다. 현지 사정에 따라 요금과 운영시간 등이 변동될 수 있으니 여행 전 한 번 더 확인하시길 바랍니다. 잘못되거나 바뀐 정보는 증쇄 시 업데이트하겠습니다.

❺ 구글 맵스 GPS 활용법

이 책에 소개된 모든 관광명소와 식당, 숍, 숙소에는 구글 맵스의 GPS 좌표를 표시해 두었습니다. 스마트폰 앱 구글 맵스Google Maps 혹은 www.google.co.kr/maps로 접속해 검색창에 GPS 좌표를 입력하면 빠르게 위치를 체크할 수 있습니다. '길찾기' 버튼을 터치하면 현재 위치에서 목적지까지의 경로도 확인 가능합니다.

GPS 10.029948, 104.007193

❻ 지도 활용법

이 책의 지도에는 아래와 같은 부호를 사용하고 있습니다.

주요 아이콘
- 관광지, 스폿　　　🅐 해변
- 🅡 레스토랑, 카페 등 식사할 수 있는 곳
- 🅢 쇼핑몰, 시장 등 쇼핑 장소
- 🅗 호텔, 리조트 등 숙소
- 🅜 마사지, 스파 숍
- 🅐 스쿠버 다이빙 등 액티비티 관련 장소
- 🅝 클럽, 바 등 나이트라이프를 즐기기 좋은 곳

17

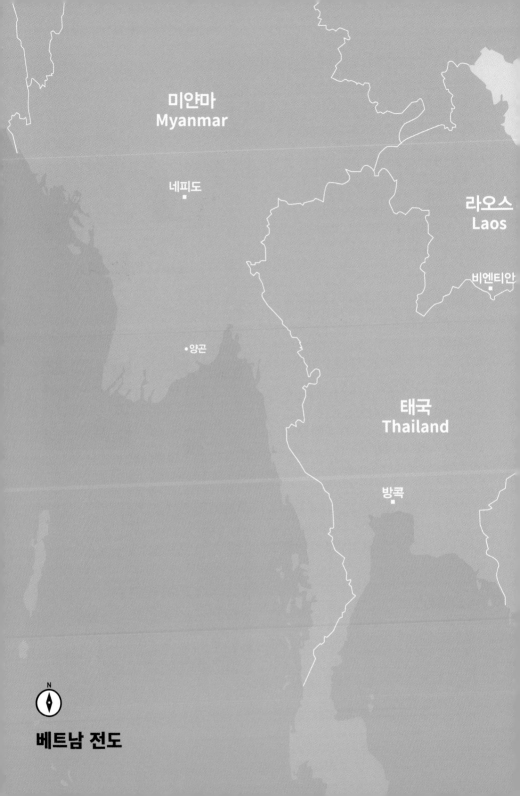

미얀마
Myanmar

네피도

라오스
Laos

비엔티안

양곤

태국
Thailand

방콕

N

베트남 전도

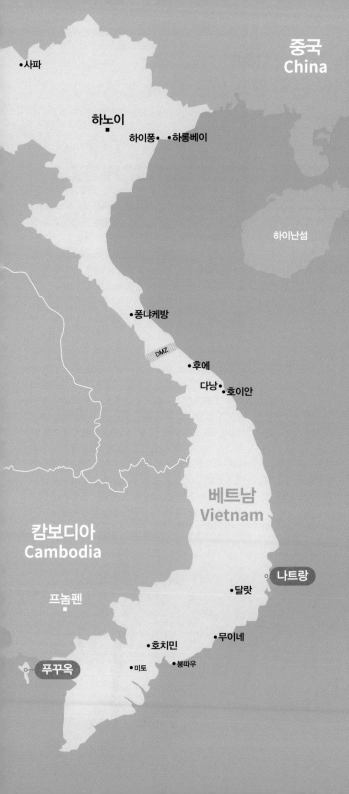

Phu Quoc & Nha Trang Q&A
푸꾸옥 & 나트랑 여행 전 꼭 알고 싶은 9가지

Q1. 푸꾸옥 & 나트랑 여행만의 매력은 뭘까요?
A1. 푸꾸옥과 나트랑은 배낭여행자의 메카였으나 최근 들어 세련된 5성급 리조트가 속속 들어서고 있다. 그만큼 최신 리조트를 비교적 저렴한 가격으로 이용할 수 있다는 장점이 있다. 일 년 내내 따뜻한 바다를 둘러보는 호핑 투어와 저렴한 가격으로 즐길 수 있는 스쿠버 다이빙 또한 이곳을 여행하는 또 다른 이유이다. 저렴하게 즐길 수 있는 해산물과 맛있는 쌀국수, 여행의 피로를 풀어주는 마사지까지. 그야말로 휴양에 최적화된 여행을 즐길 수 있다.

Q2. 어떤 사람이 여행하면 좋을까요?
A2. 유명한 유적지나 세련된 도심, 혹은 기기묘묘한 자연경관이 있는 것은 아니다. 다양한 볼거리를 찾아 푸꾸옥과 나트랑으로 떠난다면 실망할 수 있다. 대신 푸꾸옥과 나트랑은 따뜻하고 아름다운 바다와 해변, 눈부신 햇살이 매력적인 휴양지로, 일상의 스트레스를 풀기 위한 최고의 여행지다. 해변의 선베드에서 한껏 여유를 부리다가 심심해지면 수영이나 스노클링 투어를 떠나고, 저녁 시간에는 저렴한 해산물을 즐기고 싶다면 더없이 만족스러운 여행지가 될 것이다.

Q3. 입맛 까다로운 사람에게도 괜찮을까요?
A3. 음식만을 중심으로 고려한다면, 베트남에서는 사실 다낭과 하노이가 가장 좋은 여행지다. 그러나 베트남 사람들도 신선한 해산물을 푸짐하게 즐기기 위해 **푸꾸옥**을 방문한다. **나트랑**은 베트남 최대의 휴양지인 만큼 다양한 국적의 음식을 선보이는 레스토랑이 많다. 수준급의 인도 커리나 그리스, 태국, 러시아 음식 등 다양하고 새로운 음식을 접하는 재미가 있다.

Q4. 언제 여행하면 좋을까요?
A4. **푸꾸옥**은 시원한 바람과 화창한 날씨, 잔잔한 바다가 어우러지는 겨울이 최고의 여행 시기이다. 수온도 따뜻해서 스노클링이나 수영에 더할 나위 없이 좋다. 5~10월은 우기로 더위를 식히는 비가 일주일에 두세 번 쏟아진다. 여행자들이 주로 찾는 서쪽 해변은 바람의 영향으로 수영하기 좋지 않고 스노클링 또한 제한되므로 되도록 11월에서 4월 사이에 푸꾸옥을 방문하는 것이 좋다. **나트랑**은 일 년 내내 안정적인 날씨로 우기에도 비가 거의 내리지 않아 최고의 휴양지다운 면모를 보인다. 겨울에도 크게 춥지 않아서 스노클링이나 해수욕을 즐길 수 있다. 다만 5~6월경에는 무더운 날씨로 인해 시내 도보 관광이나 서핑 등 액티비티를 하기엔 좋지 않다.

Q5. 어떤 숙소를 고르는 게 좋을까요?

A5. 두 지역 모두 배낭여행자의 메카였던 만큼, 최신식 리조트 외에도 다양한 가격대의 숙소를 찾아볼 수 있다. **나트랑**의 경우 여행자 거리에, **푸꾸옥**의 경우 롱 비치가 있는 즈엉동에 저가의 숙소와 여행사, 마트, 저렴한 레스토랑 등이 모여 있다. 숙소를 크게 중시하지 않고, 다양한 투어 프로그램을 이용하려는 사람은 이곳에 숙소를 정하는 것이 편리하다. 리조트에서 시간을 보내고 싶다면, 무엇보다 취향에 맞는 곳을 찾는 게 중요하다.

Q6. 항공권은 언제 사는 게 좋을까요?

A6. 항공권의 가격은 보통 3개월 전에 책정되며 일찍 살수록 저렴한 좌석을 구할 수 있다. 푸꾸옥과 나트랑 모두 직항노선이 증가하는 추세로, 갑작스럽게 시행하는 프로모션 등을 이용할 수도 있다. 많은 사람이 몰리는 휴가철이나 명절, 연휴에는 개인적으로 항공권을 사는 것보다 호텔과 항공권, 각종 투어를 모두 묶은 여행사의 패키지 상품이 더 저렴할 수도 있으므로 잘 비교해 보자.

Q7. 자유여행? 패키지여행?

A7. **푸꾸옥**은 베트남에서도 치안이 좋은 지역 중 하나이지만, 여행 인프라가 상대적으로 덜 발달되어 자유여행에 불편할 수 있다. **나트랑**은 치안이 크게 나쁘지는 않지만, 택시기사의 지나친 바가지가 종종 문제되고 있다. 두 곳 모두 많은 여행자가 머무는 만큼 현지인 외에도 여행자에 의한 범죄를 주의해야 한다. 자신이 없다면 공항 픽업과 호텔 예약을 도와주는 여행사의 여행 상품을 이용하는 것도 좋다. 개인적으로 택시를 흥정하거나 투어를 각각 알아보는 것보다 저렴하고 편리하게 여행할 수 있다.

Q8. 가족 여행에 좋은 곳은 어디인가요?

A8. 푸꾸옥과 나트랑 모두 가족 여행의 메카로 입소문이 나 있다. 넓은 수영장이 있는 가성비 좋은 리조트와 한나절 신나게 즐길 수 있는 놀이동산, 가족 여행에 꼭 필요한 워터파크, 수심이 얕은 바다 덕분에 안전하고 저렴하게 즐길 수 있는 스노클링까지. 푸꾸옥과 나트랑 모두 가족 여행에 최고의 여행지라고 자부한다.

Q9. 푸꾸옥 & 나트랑 여행에 꼭 필요한 것은 뭐가 있을까요?

A9. **푸꾸옥**이나 **나트랑**은 물론, 베트남 전 지역은 45일간 무비자로 체류가 가능하며, 출입국 카드를 작성할 필요도 없다. 전압도 220V이므로, 별도의 어댑터 역시 필요 없다. 음식이 우리 입맛에 잘 맞는데다 현지의 마트에서 소주와 라면까지 쉽게 구입할 수 있다. 결국 여행에 꼭 필요한 것은 국내를 여행할 때 필요한 준비물과 똑같다. 여권만 잘 챙기자!

01

Mission in **Phu Quoc & Nha Trang**

푸꾸옥 & 나트랑에서
꼭 해봐야 할 모든 것

어디로 떠날까?
푸꾸옥 VS 나트랑 비교 총 정리

베트남에서도 최고의 휴양지로 손꼽히는 푸꾸옥과 나트랑! 이번 휴가는 최고의 휴양을 즐기기로
마음먹은 당신을 위해 푸꾸옥과 나트랑을 비교분석해봤다!

★ 화려하거나 색다르거나

떠오르는 샛별 **푸꾸옥**

푸꾸옥은 이전부터 소문만 무성하던(?) 미지의 섬이었다가, 점차 세상에 알려져 지금은
베트남 정부의 전폭적인 지원을 받고 있다. 일명 베트남의 떠오르는 샛별 휴양지! 동
남아의 대부분의 여행지가 발전하며 옛 모습을 잃은 것과 달리, 푸꾸옥은 여전히
한적한 시골 마을의 매력을 간직하고 있는 몇 안
되는 곳이다. 최신·최고급 5성급 호텔과
소박한 해변 방갈로가 함께하는 드문 곳
이기도 하다. 섬 곳곳의 수많은 해변
을 즐기는 장기체류자, 그리고 5성급
호텔과 빈원더스를 즐기고자 하는 단기
여행자 모두를 만족시키는 곳으로, 계획에 따
라 전혀 다른 여행을 즐길 수 있다. 어디서나 선셋을 즐길
수 있다는 것도 장점. 고급스러운 호텔 레스토랑에서 분위
기 있는 한때를 보내다가 허름하지만 운치 있는 비치 바에서
칵테일을 즐기는 식으로 푸꾸옥의 다양한 매력을 모두 만끽해
보는 건 어떨까?

VS

전통의 강자 **나트랑**

나트랑은 베트남에서도 가장 전통적인 휴양지로, 과거에는 배낭
여행자들이 주로 찾는 작은 마을이었지만 지금은 동남아의 그
어느 곳 못지않게 화려하다. 긴 나트랑 해변을 따라 길게 늘어
진 선베드에서 느긋한 한낮을, 멋진 음악과 조명이 갖춰진 클
럽에서 신나는 밤을 즐길 수 있는 곳이다. 다양한 종류의 레
스토랑과 숙박시설 덕분에 모든 여행자의 취향을 만족시킬
수 있는 곳이기도 하다. 신나지만 약간은 복잡하기까지 한 중
심가와는 달리, 럭셔리하고 자연친화적인 리조트들도 곳곳에 자
리하고 있다.

★ 같은 듯 다른 분위기, 해변 바

여유로운 비치 바 푸꾸옥

푸꾸옥에서는 풍광이 아름다운 레스토랑에서 조용히 선셋을 감상하고 해가 지면 휴식을 취하는 경우가 대부분이다. 그래도 여행자들의 중심지인 롱 비치의 몇몇 바에서는 저녁 늦게까지 파티가 펼쳐지기도 한다. 화려하지는 않지만 분위기 있는 해변 레스토랑과 작은 바에서 로맨틱한 밤을 즐길 수 있다.

화려한 스카이 바 나트랑

해변의 모습은 어디든 사뭇 비슷하지만, 푸꾸옥과 나트랑의 밤은 전혀 다른 모습이다. 멀리서부터 눈에 띄는 강렬한 조명이 나트랑의 밤하늘을 밝히고, 음악이 들리지 않아도 쿵쿵 울리는 비트가 느껴진다. 높은 건물 위에서 해변을 내려다볼 수 있는 스카이 바가 가장 인기 있지만, 해변의 나이트클럽과 디제잉 클럽에서 세계 각국의 유명 디제이들이 준비한 세련된 공연을 감상할 수도 있다. 곳곳의 바에서는 세련된 혹은 약간 유치하기도 한 퍼포먼스도 펼쳐진다.

★ 또 다른 여행, 레스토랑 즐기기

싱싱한 해산물 천국 푸꾸옥

푸꾸옥은 베트남에서도 저렴하고 신선한 해산물을 맛볼 수 있는 것으로 유명하다. 고급 레스토랑에서부터 저렴한 길거리 해산물구이 집까지, 어딜 가도 맛있는 음식을 찾아 온 여행들을 만날 수 있다. 가게에 따라 분위기나 판매하는 해산물 종류는 다르지만 대부분의 음식점에서 평균 이상의 맛을 즐길 수 있다.

다양한 국적의 레스토랑 나트랑

전통의 휴양지라는 명성에 걸맞게 나트랑에서는 베트남 음식은 물론 세계 각국의 음식을 즐길 수 있다. 길거리 국숫집에서부터 전망이 좋은 곳에 위치한 파인 레스토랑까지, 그때그때 먹고 싶은 음식을 고를 수 있어 여행이 더욱 즐겁다. 입맛이 까다로운 여행자도 만족스럽게 즐길 수 있는 곳이다.

푸꾸옥과 나트랑의
하이라이트 BEST 5

느긋하고 여유로운 여행을 즐기기 딱 좋은 푸꾸옥과 나트랑이지만 리조트 안에서만 머물기에는 너무 아깝다. 리조트 밖에도 매력적인 것들이 너무 많기 때문! 이것저것 찾아보기 귀찮은 여행자들을 위해 각각의 여행지에서 꼭 해야 할 다섯 가지를 엄선했다. 좀 더 많이 알고 싶다면 각 지역의 '이것만은 꼭!(푸꾸옥 p.64, 나트랑 p.142)'을 참고하자.

★ 푸꾸옥

1 | 어딜 가도 아름다운 해수욕장에서 느긋하게~

하루 종일 해수욕이나 하며 시간을 보내고 싶은 사람에게 딱 좋은 여행지가 푸꾸옥이다. 다양한 분위기의 해변이 섬 전체를 둘러싸고 있지만, 숙소에서 가장 가까운 해변으로만 나가도 만족스러운 해수욕을 즐길 수 있다. 해수욕을 즐기다 지루해지면 해변 곳곳의 레스토랑과 바에서 음악과 음식을 즐기자!

2 | 바닷속으로 풍덩! 스노클링, 스쿠버 다이빙, 호핑 투어

아름다운 산호초가 자리한 푸꾸옥의 바다는 오래전부터 스쿠버 다이빙의 명소로 각광받아 온 만큼, 푸꾸옥에서의 해양 액티비티는 놓치지 말아야 할 즐거움이다. 푸꾸옥 곳곳에 자리한 섬을 둘러보며 스노클링과 해수욕을 즐길 수 있는 호핑 투어는 지나치게 상업적이거나 퇴폐적이지 않아서 더 좋다.

3 | 정글 속 아름다운 동물원

'베트남 최대의 사파리'라는 타이틀이 어색하지 않은 빈펄 동물원은 푸꾸옥을 찾는 여행자의 특권 같은 곳이다. 푸꾸옥의 울창한 밀림 한쪽에 자리한 사파리에는 맹수부터 귀여운 원숭이까지 다양한 동물을 만날 수 있다. 직접 동물과 교감할 수 있는 기회도 많다!

4 | 아름다운 야경을~ 선셋 바

푸꾸옥에는 여행 중심지인 롱 비치를 중심으로 크고 작은, 그리고 다양한 분위기의 선셋 바가 자리 잡고 있다. 푸꾸옥은 선셋이 아름답기로 유명한 만큼 날씨가 허락하는 날에는 마음에 드는 곳에 앉아, 여유롭게 선셋을 즐겨보자. 개인적으로는 해변이나 언덕 위의 레스토랑, 항구 등 다양한 곳을 찾아 선셋을 감상하는 것을 좋아하지만, 같은 곳에서 바라봐도 매번 분위기가 달라진다.

5 | 소박한 현지인들과의 만남, 푸꾸옥 야시장

여전히 순박하고 소박한 분위기가 남아 있는 곳이 바로 이곳, 푸꾸옥의 야시장이다. 오래전부터 관광객을 위해 발달된 야시장인 만큼 물건 가격이 싸지는 않고, 사람이 많아 정신도 없지만, 푸꾸옥에서 이만큼 다양한 볼거리가 있는 곳도 없다. 다른 휴양지와는 달리 큰 마트도 없기 때문에 기념품을 구입하려면 꼭 들려야 하는 곳이기도 하다. 신선한 해산물도 이곳에서 즐길 수 있다.

★ 나트랑

1 | 한가롭게 해수욕 즐기기

명실상부 베트남 최고의 휴양지에서 제일 먼저, 그리고 가능한 한 많이 할 일은 뭐니 뭐니 해도 해수욕이다. 리조트의 전용해변, 나트랑의 중심 해변인 나트랑 해변, 하얀 모래사장이 빛나는 족렛 해변 등 다양한 해변에서 해수욕을 오래오래 즐겨보자.

2 | 나트랑에서 선셋을 보고 싶다면~ 빈원더스

복합 놀이시설은 베트남 전역에서 찾아볼 수 있지만, 나트랑의 빈원더스는 그중에서도 정점에 있다고 해도 과언이 아니다. 바다를 가르는 해상 케이블카와 세련된 놀이기구, 깨끗하게 새로 단장한 워터파크와 전망 좋은 언덕의 조경까지 둘러볼 게 너무 많다. 해변이 전부 동쪽에 위치해 있어 선셋이 귀한 나트랑에서 선셋을 감상하기 좋은 해변도 이곳에 있다.

나트랑에 왔는데 클럽이나 바를 가지 않는다면, 나트랑의 즐거움을 반쯤 놓치는 것이다. 시끌벅적한 것을 좋아하는 사람도, 점잖은 분위기를 좋아하는 사람도 모두 자신의 취향에 맞는 공간을 찾을 수 있다. 낯선 여행지인 만큼 술을 마시고 긴장을 너무 풀어서는 안 된다는 점만 염두에 두자.

4 │ 스트레스는 안녕! 머드 스파

나트랑에서 얼마나 성공적이었으면 베트남 전역에 머드 스파가 생겨나고 있을지 생각해 보자. 더운 해변 도시에서 웬 온천이냐 싶겠지만 온몸의 피로가 녹아내리는 듯한 진흙 목욕과 그 후의 뜨끈한 온천욕은 그간의 스트레스까지 한 번에 날려준다. 꽤 넓은 부지에 다양한 시설이 자리하고 있어 시간을 보내기 좋으므로 절대 놓치지 말자.

5 │ 고대의 사원을 찾아서! 뽀나가르 참탑

너무 뒹굴거리니 심심하다 싶을 때 방문하면 좋은 고대 힌두 사원. 이국적인 모양의 조각들도 재미있고 시원한 바람이 부는 언덕 위에서 내려다보는 풍광도 꽤 괜찮다. 옛 사원에 전혀 관심이 없다 하더라도 이곳은 한번쯤 들러볼 가치가 있다.

스릴 만점! 테마파크로 놀러가자~

베트남의 테마파크는 대부분 한국에 비해 저렴하면서도 이용자가 많지 않아 기다리는 시간 없이 모든 시설을 신나게 즐길 수 있다. 특히 나트랑의 빈원더스는 베트남 테마파크의 원조이며, 푸꾸옥의 빈원더스 역시 그만의 매력으로 무장하고 있다.

빈원더스 푸꾸옥(p.86)

놀이기구 무제한 탑승 가능~
정글 속 동물원 & 사파리

빈원더스의 명성을 듣고 이곳을 방문한다면 다소 실망할 수도 있다. 빈원더스와 워터파크 모두 규모가 크지 않고, 아쿠아리움이나 게임실은 소박한 편이다. 이용할 만한 레스토랑이 많지 않고 주변 전망도 좋지는 않은 편. 물론 빈원더스가 늘 그렇듯 지속적인 개발을 하겠지만 아직은 기대에 못 미친다. 그러나 이용객이 적어서 별다른 기다림 없이 놀이기구를 거의 무제한 이용할 수 있는 점은 여전히 매력적이다.

또 다른 매력은 인근에 자리한 동물원이다. 푸꾸옥 섬의 반을 차지하고 있는 국립공원을 십분 활용하여 울창한 정글 속에 조성된 동물원과 사파리는 베트남 최대의 규모로, 수많은 동물을 만날 수 있다. 한낮에는 대부분의 동물이 늘어져 있지만 직접 기린과 코끼리에게 먹이를 주는 체험이나 관객과 함께 소통하는 형식의 동물 쇼, 수많은 종류의 새를 가까이서 볼 수 있는 조류관 등 매력적인 요소가 많다. 야간 사파리 운영 중으로 아이들과 함께라면 더없이 흥미진진한 하루를 보낼 수 있다. 최근에는 그랜드 월드(p.89)까지 생겨 볼거리가 더 풍부해졌다.

빈원더스 나트랑(p.166)

매일매일 변화하는, 최초의 빈원더스
나트랑 최고의 선셋 명소!

빈원더스 나트랑에 관한 후기를 많이 찾아볼 수 있지만, 중요한 것은 빈원더스 나트랑은 계속 변화하고 있다는 사실! 가격 역시 몇 년 전에 비해 계속 오르고 있지만 워터파크가 새 단장을 해서 안전하면서도 스릴 넘치는 기구들을 갖추었으며, 각종 놀이기구 역시 계속 교체되고 있다. 이전에는 없었던 작은 동물원과 식물원, 전망대, 멀리서도 보이는 대관람차까지 생겨서 예전의 모습은 찾아보기 힘들 정도. 그저 그런 테마파크에 불과하던 빈원더스 나트랑은 이제 베트남을 대표하는 테마파크다운 모습을 갖추었다고 말할 수 있다. 언덕 위에는 로맨틱한 분위기의 레스토랑이 있으며 잘 정돈된 해변에는 아이들과 안전하게 즐길 수 있는 수상 구조물도 있다. 나트랑의 건물 속으로 사라지는 아름다운 일몰도 볼 수 있다.

그럼에도 빈원더스 나트랑의 하이라이트는 길고 아름다운 해상 케이블카라고 할 수 있는데, 바다에 세워진 높은 철근 구조물이 신기하게도 크게 거슬리지 않고 오히려 에펠탑처럼 우아한 느낌마저 준다.

| Tip | 빈원더스 알차게 즐기는 법 |

1 아이와 함께할 경우, 강한 충격을 받을 수 있는 범퍼카와 직접 브레이크를 작동해야 하는 알파인 코스터 등을 탈 때는 특히 보호자의 주의가 필요하다.

2 동물 쇼나 인어 쇼 등 다양한 이벤트가 준비되어 있으므로 공연 시간을 미리 체크하자.

3 각 시설마다 이용 마감 시간이 다르기 때문에 늦게 도착한 경우에는 먼저 마감하는 놀이기구가 무엇인지부터 체크하자.

4 테마파크 내 레스토랑이 크게 비싸지 않기 때문에 특별히 도시락을 준비할 필요는 없다.

5 워터파크 입구에서 사물함과 수건을 저렴하게 대여해 주니 몸을 가볍게 하고 들어가자!

6 안전요원이 상주하고 있지만 안전벨트 등은 스스로 다시 한 번 체크해 안전하게 테마파크를 즐기자.

모험의 세계로 입장!

온몸이 노곤노곤~ 안 받으면 섭섭하지!
스파 & 마사지

★ 내게 꼭 맞는 마사지 방법은?

1 | 베트남 전통 마사지

몸을 두드리거나 지압하는 방식으로 근육을 직접 자극하고 피로를 푸는 마사지이다. 베트남에서는 전통적으로 병을 치료하는 데 사용되었다고 한다. 원하는 정도의 압력을 직접 선택할 수 있어 마사지를 좋아하지 않는 사람도 부담 없이 받을 수 있다는 장점이 있다.

2 | 핫 스톤 마사지

따뜻한 돌의 열기로 근육의 긴장을 풀어주고, 피로를 회복하며, 피의 흐름을 촉진해 림프 흐름과 부종을 개선하는 마사지 방법이다. 냉증이나 불면증이 있는 사람에게 효과적이며 당뇨병이나 고혈압, 심장질환자에게는 적합하지 않다.

3 | 뱀부 마사지

대나무로 근육에 마찰과 진동을 주는 방법으로, 경락을 효과적으로 자극하여 독소를 배출하고 혈액 순환을 촉진하는 마사지 방법이다. 대나무는 마사지사의 손 부담을 줄이면서도 그 효과를 받는 사람의 몸속 깊숙한 곳까지 전달한다. 대나무에서 나오는 음이온 역시 혈액 순환을 돕고, 저항력을 높이는 효과가 있다고 한다.

4 | 딥 티슈 마사지

근육 심부의 경직과 협착을 풀어주기 위한 마사지로 천천히 손을 움직이면서 근육을 지그시 지압하거나 끌어올리는 등의 방법을 사용한다. 각종 근육 통증이나 신경통, 관절 통증에 효과적이며, 관절을 움직이지 않아 노인이나 어린아이, 임산부도 안전하게 받을 수 있다.

5 | 스웨덴 마사지

길고 부드러운 움직임으로 지압하거나 두드리는 방법으로 근육층 깊숙이 쌓여 있는 피로를 풀어준다. 딥 티슈 마사지에 비해 부드러운 편이어서 민감한 피부를 가진 사람에게 좋다.

6 | 타이 마사지

인도 아유르베다 요가를 기반으로 한 마사지로, 손과 발, 다리 등 몸 전체의 근육을 스트레칭과 지압으로 풀어준다. 피와 림프의 흐름 개선, 부종 개선의 효과가 있다. 지병이 있거나 몸의 특성 부위가 아플 경우, 마사지사에게 미리 상태를 말하고 맞춤형 마사지를 받는 것이 좋다.

★ 푸꾸옥 & 나트랑의 강추 마사지 숍

로투스 스파 Lotus Spa(푸꾸옥 p.107)

푸꾸옥은 마사지 사업이 이제 막 활성화된지라 대도시인 호치민이나 다낭의 세련된 서비스에는 비할 수 없다. 하지만 이곳에서는 소박하고 밝은 분위기의 숍에서 비교적 체계적이고 친절한 스파 서비스를 받을 수 있다.

> **Tip | 마사지 전후 준비할 것**
>
> 1 마사지 숍 중에는 샤워 시설이 갖춰지지 않은 곳이 많으므로 되도록 미리 샤워 후 방문하자. 대부분 하의 속옷을 제외한 모든 옷을 탈의하고 마사지를 받으므로 당황하지 말 것!
> 2 마사지를 받은 후 팁을 주는 게 베트남 현지인들에게도 일반적인 문화이다. 팁이 마사지사의 주 수입원이라고 하니, 마사지가 크게 불만스럽지 않았다면 미리 5만~10만 동 정도를 준비해 두었다가 팁으로 주는 것이 좋다.

차 한 잔으로 몸을 따뜻하게~

센 스파 Sen Spa(나트랑 p.184)

명실공히 나트랑 최고의 마사지 숍. 체계적으로 관리되는 시스템과 마사지사의 안정적인 실력, 섬세한 서비스는 베트남 전역에서도 손에 꼽힐 정도로 괜찮다. 나트랑에 들렀다면 반드시 이곳에서 마사지를 받아보자. 가격도 합리적인 편이다.

마사지에 들어가기 전 몸 상태를 세심히 체크!

베트남 전통 음식에서부터 신선한 해산물까지
여행자를 사로잡는 맛! 맛! 맛!

모르고 먹어도 맛있지만, 알고 먹으면 더 맛있는 베트남 음식! 지금까지 베트남 음식으로 쌀국수밖에 몰랐다면 이번 기회에 다양한 음식에 도전해 보자. 여러분의 입맛을 사로잡을 다양한 음식들이 기다리고 있다!

❶ 퍼 Phở
우리가 흔히 이야기하는 베트남 쌀국수. 베트남의 아침은 쌀국숫집에서 시작해 보자. 소고기 쌀국수(퍼보Phở Bò)와 닭고기 쌀국수(퍼가Phở Gà) 전문점이 따로 있다.

❷ 분짜 Bún Chả
하노이를 대표하는 비빔쌀국수. 가는 면발의 발효국수 '분'과 구운 고기, 고기 경단을 느억맘 소스에 찍어 먹는다. 한국인이 제일 좋아하는 국수 종류 중 하나.

❸ 분까 Bún Cá
생선을 이용한 쌀국수로, 생선어묵이 들어간 국수는 특별히 분짜까Bún Chả Cá라고 한다.

❹ 반쎄오 Bánh Xèo
새우, 숙주, 고기, 버섯 등을 넣고 쌀가루를 이용해 부쳐내는 베트남 특유의 부침개. 보통 라이스페이퍼에 채소와 함께 싸 먹는다.

❺ 넴느엉 Nem Nướng
석쇠에 구운 돼지고기 경단을 채소와 함께 라이스페이퍼에 싸서 소스에 찍어 먹는 음식. 나트랑이 특히 유명해서 많은 전문 식당을 찾아볼 수 있다.

❻ 반미 Bánh Mì
베트남식 바게트 샌드위치로, 놀라울 정도로 속이 부드러운 바게트 안에 각종 고기와 소스, 채소를 듬뿍 담아준다.

❼ 분팃느엉 Bún Thịt Nướng
구운 양념 돼지고기를 가는 면발의 쌀국수인 분에 얹어 자작한 육수에 비벼 먹는 비빔국수.

❽ 고이꾸온 & 퍼꾸온
Gỏi Cuốn, Phở Cuốn

촉촉한 라이스페이퍼에 새우나 돼지고기, 허브 등을 넣어 말고, 소스에 찍어 먹는 음식이다. 신선한 맛 덕분에 자꾸 먹게 된다.

❾ 반베오 Bánh Bèo
작은 그릇에 찐 쌀떡 위에 새우가루, 돼지고기 등을 얹어내 고소한 맛이 나는 후에 음식.

❿ 분보후에 Bún Bò Huế
후에 지방을 대표하는 가는 면발의 얼큰한 소고기 쌀국수. 진한 맛이 중독성이 있다.

⓫ 미꽝 Mì Quảng
땅콩가루, 피시소스, 후추, 칠리 등을 뿌린 자작한 육수와 넓적한 면발이 일품인 비빔쌀국수.

⓬ 까오러우 Cao Lầu
돼지고기, 숙주, 튀긴 두부를 얹어 먹는 호이안 출신 비빔국수. 쫄깃한 면이 특징이다.

⓭ 러우 Lâu
커다란 냄비에 육수를 끓여 각종 해물이나 고기, 채소를 익혀 먹는 베트남식 샤브샤브.

⓮ 해산물 구이
특별한 요리법이 있는 것은 아니나 싱싱한 해물을 직접 보고 선택하면, 그 자리에서 구워준다.

싱싱하고 달콤한
베트남의 열대과일 맛보기!

동남아 지역의 매력 중 하나는 싱싱한 열대과일을 마음껏 먹을 수 있다는 점 아닐까? 평소라면 비싸서 살까 말까 고민했을 열대과일, 혹은 흔히 보기 힘든 과일들을 소개한다. 이색적인 과일의 생김새를 기억해 두었다가 마트나 시장에서 현지인처럼 능숙하게, 그리고 망설임 없이 골라보자.

❶ 망고 Mango
베트남에서는 1일 1망고가 기본~ 덜 익은 푸른 망고에서부터 잘 익은 노란 망고까지 다양한 종류를 맛보자.

❷ 망고스틴 Mangosteen
일명 열대과일의 여왕! 두꺼운 껍질을 벗겨내면 나오는 하얀 속살이 상큼하면서도 달다. 껍질에서 나오는 붉은색 물은 옷에 묻으면 빠지지 않으므로 주의!

❸ 람부탄 Rambutan
저렴하면서도 달고 새콤한 맛~
차게 먹으면 더 맛있다.

❹ 두리안 Durian
특유의 냄새 때문에 호불호가 갈리는 '과일의 왕'.
냄새 때문에 호텔 내에서는 먹지 못하게 하는 경우가 많으므로 확인할 것!

❺ 용과 Dragon fruit
끝 맛이 깔끔해 후식으로 자주 등장한다.

❻ 용안 Longan
견과류 같은 껍질을 까면 부드러운 하얀 속 알맹이가!
용의 눈과 닮았다고 해서 용안이라는 이름이 붙었다.

❼ 잭프루트 Jack fruit
주황색의 달고 향긋한 속살은 말린 과자로도 인기!
두리안과 비슷하지만 돌기가 더 적다.

❽ 패션프루트 Passion fruit
단단한 껍질 속 새콤달콤한 맛. 새빨갛고 예쁜 색감 덕분에 음료로도 많이 즐긴다.

❾ 커스터드애플 Custard apple
선인장 열매처럼 생겼지만 부드러운 촉감의 과육이
은은한 단맛을 낸다.

❿ 라임 Lime
쌀국숫집 어디서나 볼 수 있는 라임. 신맛이 강해
느끼한 맛을 잡는다!

⓫ 자몽 Grapefruit
시큼상큼한 핑크빛 과일~ 비타민 C도 풍부하다.

⓬ 오렌지 Orange
일반 오렌지보다 상큼한 베트남 오렌지. 녹색 껍질을
벗기면 예쁜 주황빛이~

⓭ 코코넛 Coconut
열대과일의 상징인 코코넛! 미네랄이 풍부한
코코넛워터는 갈증 해소에 좋으며, 과육도 고소하다.

⓮ 파파야 Papaya
잘 익으면 주황색 속살이 단맛을 내며, 각종 샐러드의
재료로도 쓰인다.

⓯ 구아바 Guava
단맛은 적지만 비타민은 귤의 3배 이상 함유!

⓰ 아보카도 Avocado
천연버터처럼 부드럽고 깊은 맛~

⓱ 사과대추 인도대추, Indian jujube
우리가 아는 녹색 대추 열매보다 좀 더 크고,
이름처럼 사과와 덜 익은 대추의 중간 정도 맛이 난다.

⓲ 밀크프루트 Milk fruit
반을 가르면 우윳빛 속살이 나온다. 우유처럼 부드러
운 느낌에 달달한 맛이 난다.

⓳ 스타프루트 Star fruit
단면이 별 모양과 닮았다 하여 이름 붙여진 과일로,
단맛이 강하지 않아 각종 허브와 함께 샐러드로 주로
먹는다.

사는 재미, 선물하는 즐거움!
푸꾸옥과 나트랑의 기념품 열전

베트남은 짝퉁시장이 있을 정도로 가짜 제품이 많으므로 시장이나 여행자 거리에서는 물건을 주의해서 구입하자. 시장에서는 흥정이 필수로, 적절한 가격을 모르면 바가지를 쓸 위험이 있다. 그러나 전반적으로 무척 저렴하므로 손해 볼까 봐 크게 부담 가질 필요는 없다.
나트랑은 곳곳의 대형마트와 세련된 상점들 덕분에 베트남 어느 곳보다도 훨씬 더 편하게 쇼핑할 수 있는 인프라가 갖춰져 있다. 푸꾸옥은 큰 마트가 없어 기념품 구입이 불편하게 느껴지지만 곳곳의 작은 상점이나 야시장에서 특별한 기념품을 발견하는 재미가 있다.

★ 가방 가득 채워도 부담 없는 베트남 먹거리

노니차, 여주차, 아티초크차

건강 차 3종 세트, 저렴하고 질도 좋다.

제비집 음료

미용에 좋다는 제비집 음료!
맛도 꽤 괜찮다.

각종 홍차, 우롱차, 녹차

세계적인 브랜드 딜마 외에도
저렴하고 질 좋은 홍차와 우롱차,
녹차가!

건과일

오독오독 씹는 맛~
비나밋의 고구마와 잭프루트,
망고를 추천!

건어물

맥주 도둑!
대부분 조미되어 있으니
첨가물을 잘 보고
좋아하는 맛으로 살 것.

꿀

선물용으로 좋은
간편 포장된 꿀~

달랏 와인

분위기 낼 때 한 병씩~
작은 사이즈도
있어 부담 없다.

유기농 캐슈너트

고소해서 안주로 딱!

인스턴트라면

하오하오 새우맛이나
비폰 퍼띳보 라면을 추천!

피시소스, 핫소스, 간장소스

베트남을 떠올리게 하는 각종 소스.
특히 푸꾸옥에서 생산되는
피시소스(느억맘)는 질이 좋기로 유명하다.

치즈

국내보다 저렴하고 종류도 다양하다.
냉장 보관해야 하는 만큼
여행지에서 먹자!

★ 후기 좋은 강추 쇼핑 품목

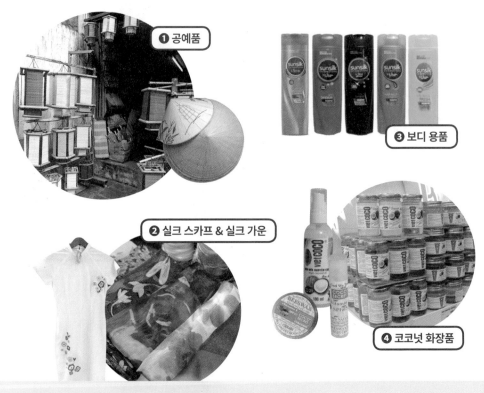

❶ 공예품

❸ 보디 용품

❷ 실크 스카프 & 실크 가운

❹ 코코넛 화장품

❶ 공예품
베트남 여행을 기념하기엔 뭐니 뭐니 해도 전통 공예품이 최고! 대나무 등이나 전통 모자(농), 나무를 깎아 만든 장식품 등 가져오기에 부담스럽지 않은 공예품을 골라보자. 푸꾸옥과 나트랑의 특징이 잘 드러난 마그네틱, 엽서 등도 인기 있는 기념품이다. 작은 크기에 가격도 저렴한 편이라 많이 사도 부담되지 않는다. 전통 모자는 여행 내내 쓰고 다니며 햇볕을 피할 수도 있는 유용한 아이템!

❷ 실크 스카프 & 실크 가운
특히 나트랑의 나트랑 센터에서 많은 실크 브랜드 매장을 찾아볼 수 있는데, 기성품이지만 저렴하게 실크 제품을 구입하기 좋다. 부드러운 촉감의 실크 가운은 선물용으로 제격!

❸ 보디 용품
마트에서는 세계적인 브랜드의 보디 용품들도 저렴하게 구입할 수 있다. 특히 선실크 샴푸, 트리트먼트가 인기. 보들보들 우윳빛 피부를 위해 요거트 향의 입욕제 겸 보디 스크럽 아보네 스파 밀크 솔트도 추천한다.

❹ 코코넛 화장품
몸에 좋지만 피부에는 더 좋은 코코넛으로 만든 화장품. 추운 날에는 굳어버리는 특성상 로션보다는 립밤이나 크림이 사용하기 편리하다. 식용 코코넛 오일보다 피부나 헤어에 더 잘 흡수되고, 향긋한 허브향 덕분에 쓰기 좋다. 선물로 사 가면 생각보다 훨씬 인기 있다. 가격도 저렴해서 선물용으로 더할 나위없는 품목이다.

⑤ 크록스
베트남 쇼핑 품목에서 항상 언급되는 '메이드 인 베트남' 제품은 세월에 따라 유행을 타는데, 최근에는 크록스가 핫하다. 진품이냐 짝퉁이냐 설왕설래가 한창이지만 파는 자만이 알 뿐. 가격을 보면 짝퉁일 가능성이 99%지만, 워낙 저렴한데 퀄리티도 괜찮아 부담 없이 신기 좋다.

⑥ 달리치약
입안이 개운해지는 강렬한 느낌 덕분에 한국에서도 인기 있는 달리치약. 태국산이지만 베트남에서도 저렴하게 구입할 수 있다. 향에 따라 가격이 조금씩 다른데, 대체로 천연 물질로 만들어진 초록색 치약과 미백에 좋은 성분이 들어간 파란색 치약이 인기 있다. 14일이면 치아가 하얘진다고 하니 열심히 칫솔질을 해보자.

⑦ 연고
호랑이 연고, 별 연고 등 다양한 종류의 '만능 연고'가 유명하다. 상쾌한 허브향이 나며, 근육통이 있는 곳에 바르면 시원한 느낌이 들어 통증을 완화하는 효과가 있다. 패키지도 다양해 대단한 효과를 기대하지 않는다면 기념품으로 나쁘지 않다.

⑧ 후추
푸꾸옥 특산물인 후추. 특히 녹후추와 백후추는 다른 지역에서 보기 힘드므로, 기념으로 구입해 선물해 보자! 생 후추는 기내 반입이 어려우므로 주의!

⑨ 진주
진주 역시 푸꾸옥 특산물로, 좋은 퀄리티의 제품을 저렴하게 구입할 수 있어서 베트남 현지인들에게도 매우 인기 있다. 진주 마니아라면 이 기회를 놓치지 말자!

자꾸자꾸 생각나는~
베트남 커피(Cà Phê)

베트남은 세계 커피 생산량 2위를 차지할 만큼 많은 양의 커피가 생산된다. 스타벅스에 공급되는 원두에서부터 저렴한 인스턴트커피 등 다양한 수준의 커피를 구입할 수 있다.

★ 알고 사자! 인스턴트커피

족제비 똥 커피(위즐 커피) Cà Phê Weasel

족제비의 위에서 완전히 소화되지 않고 배설된 커피콩을 채집, 24시간 이내에 땅속에 묻어 300여 일간 자연 발효-세척-건조-로스팅을 거치면 쓴맛은 덜하고 풍부한 향과 고소한 맛이 독특한 위즐 커피가 탄생한다고 한다. 한정된 공급량으로 인해 인도네시아의 루왁 커피보다 훨씬 비싼 데다가, 열악한 사육장에서 생활하는 족제비의 건강 상태를 고려하더라도 위즐 커피를 구매하는 것은 추천하지 않는다. 또한 시장에서 파는 저렴한 제품의 경우에는 가짜가 많다.

다람쥐표 커피(콘삭 커피) Con Soc Cà Phê

흔히 '다람쥐 똥 커피'라고 알려진 콘삭 커피! 그러나 다람쥐는 커피콩을 즐겨 먹지 않으므로 베트남 길거리에서 흔히 볼 수 있는 비싼 콘삭 커피는 가짜 위즐 커피 (족제비 똥 커피)를 일컫는 경우가 많다. 즉, 소위 '다람쥐 똥 커피'라는 것은 없다는 이야기! 가격도 비쌀 이유가 없으니 바가지 쓰는 일은 없도록 하자.

한국의 믹스커피보다 훨씬 진하고 달달하지만, 그래서 이상하게 더 생각나는 게 베트남의 믹스커피이다. 사회적 협동조합인 쯔엉선Truong Son의 헤이즐넛 커피 브랜드 '콘삭 커피Con Soc Coffee'는 다람쥐가 좋아하는 헤이즐넛 향을 첨가했다는 뜻으로 '다람쥐 커피'라는 이름과 로고를 사용하는데 한국에서도 큰 인기를 끌고 있다. 편리하게 사용할 수 있는 종이 드립퍼가 내장된 커피가 선물용으로 좋다. 진하고 달달한 G7 인스턴트커피는 호불호가 갈릴 수 있으니 꼭 마셔보고 구입할 것! 인스턴트커피는 대부분의 호텔에 구비되어 있다.

Tip | 커피 주문할 땐 이것만 기억해!

★ 쓰고 진한 커피가 먹고 싶을 때

카페 덴농
Cà Phê Đen Nóng
블랙 커피

카페 덴다Cà Phê Đen Đá
아이스 블랙 커피

★ 당 충전 100%
일명 '베트남 커피'!

카페 쓰어다
Cà Phê Sữa Đá
아이스 연유 커피

카페 쓰어농Cà Phê Sữa Nóng
연유 커피

★ 강력 추천 커피숍

카페 쓰어다 Cà Phê Sữa Đá(푸꾸옥 p.115)

푸꾸옥에서 우리 입맛에 맞는 커피숍을 찾기란 생각보다 쉽지 않지만, 그래도 최근 에어컨과 세련된 인테리어를 갖춘 커피숍이 곳곳에 등장하고 있다. 그중에서 사실 전망도 별로 좋지 않은 이곳을 추천하는 이유는 야시장에서 더위를 피해 도피하기 좋은 최적의 위치와 친절함, 그리고 진한 과일셰이크 덕분이다. 과일이 잔뜩 들어간 과일셰이크와 코코넛커피를 들이키면 순간 그곳이 천국이나 다름없다. 단, 달지 않은 아메리카노를 먹고 싶다면 주문할 때 시럽이나 설탕을 넣지 말라고 두 번 확인할 것!

콩 카페(나트랑 p.195)

한국 사람으로 미어 터진다며 싫어하는 사람도 있지만, 사람들이 많이 찾는 데는 그만한 이유가 있다. 코코넛 아이스크림을 얹은 시그니처 커피는 이곳을 계속 찾게 만드는 마법의 메뉴! 덕분에 나트랑 곳곳의 고급 커피숍이 아닌 이곳을 가장 추천할 수밖에 없다. 공산당을 콘셉트로 한 콩 카페 특유의 인테리어는 나트랑에서도 빛을 발한다.

PICK ME!
최고의 리조트를 찾아라!

휴양을 즐기러 가는 여행인 만큼 푸꾸옥과 나트랑에서 숙소 선택은 무척이나 중요하다. 호텔에서 편하게 혹은 방갈로에서 특별하게? 가족과 다정하게 혹은 연인과 로맨틱하게? 원하는 분위기나 함께하는 사람에 따라 숙소 선택의 폭이 매우 넓다. 자신에게 꼭 맞는 숙소를 골라보자!

★ 놀 거리 가득! 신나는 리조트

빈펄 리조트
(푸꾸옥 p.124, 나트랑 p.204)

빈원더스의 다양한 시설을 즐기기 좋은 리조트. 여러 개의 리조트가 붙어 있으며, 각자 특장점이 다르기 때문에 해변에서 가까운 곳, 최신식 시설, 골프장과 가까운 곳 등 자신의 취향에 따라 고르기도 편하다.

#아이들과 #익숙하고 편리한

아미아나 리조트 & 스파 (나트랑 p.210)
3층이나 되는 스파동에서 머드 스파 등 전문적이고 다양한 스파 트리트먼트를 즐길 수 있다. 넓고 아름다운 해수풀도 호평 일색!

#머드 스파 #아름다운 해수풀

노보텔 (푸꾸옥 p.127)
푸꾸옥의 노보텔은 넓은 수영장과 해변, 다양한 키즈클럽 등 각종 편의시설이 완벽하다. 주변에 상가 거리가 있어 외출하기에도 편리하다.

#키즈클럽 #넓은 수영장

★ 분위기 뿜뿜! 로맨틱 리조트

더 아남 (나트랑 p.207)

나트랑 럭셔리 리조트 중에서도 격이 다른 곳이다. 한적한 자이 해변에 무성한 열대 숲을 조성하고 인도차이나 시대의 건축물을 현대적으로 재해석한 리조트는 고급스러운 분위기에 완벽한 휴식을 제공한다.

#프라이빗 #고급스러움

랄리아 닌반 베이 (나트랑 p.209)

코코넛 나무로 만든 자연친화적인 인테리어가 더욱 로맨틱한 곳. 오직 투숙객만을 위해 마련된 한적한 숲과 호수, 해변을 만끽할 수 있다. 한적하게 낚시를 즐길 수 있는 호수도 있으니 마음 놓고 여유를 누릴 것!

#로맨틱 #요가 클래스

퓨전 리조트 (나트랑 p.211)

밝고 로맨틱하게 꾸며져 특히 허니문 여행에 인기 있는 리조트. 매일 스파 트리트먼트 서비스가 포함되어 느긋한 여행에는 그만이다. 리조트 곳곳이 포토존이라고 할 만큼 아름다운 조경, 직원들의 세심하고 친절한 응대가 돋보인다.

#매일 스파 # 허니문 여행

JW 메리어트 (푸꾸옥 p.122)

한적한 흰 모래 해변에 들어선 럭셔리한 리조트! 구석구석까지 신경 쓴 리조트를 돌아다니는 것만으로도 시간이 부족하다. 아름다운 껨 해변을 독차지할 수 있다는 것도 JW 메리어트 투숙객만의 특권!

#화이트 비치 #한적 그 자체

★ 섬세하고 아름다운 방갈로형 리조트

식스센스 닌반 베이 (나트랑 p.208)

럭셔리한 리조트의 대명사. 정글로 둘러싸여 배로만 접근이 가능한 자연친화적인 리조트이다.
거대한 바위 옆에 지어진 조용하고 아름다운 방갈로에서 휴식을 취해보자.

#프라이빗 #자연친화적

그린베이 리조트 (푸꾸옥 p.129)

한적한 해변, 선셋이 훌륭한 레스토랑을 갖춘 리조트.
나무가 가득 우거진 정원을 산책하며 휴양지에서의 여유를 누리자.

#아름다운 정원 #선셋 포인트

Tip | 리조트 100% 즐기는 꿀팁

1 보증금(디포짓)용 해외 결제 카드를 미리 준비

고급 호텔의 경우 대부분 체크인 시 보증금용 카드나 현금을 요구한다. 레스토랑이나 미니 바 이용 시 후불로 정산되는 돈을 보증하기 위한 것인데 정산이 필요 없는 경우에는 그대로 환불된다. 저가 호텔의 경우 반드시 영수증을 보관하는 것이 좋다. 여권을 맡기는 경우에는 체크아웃 시 돌려받는 것을 잊지 말자.

2 체크인·아웃 시간, 조식 포함 여부, 무료 픽업 여부 확인

대부분의 숙소가 오전 11~12시 체크아웃, 오후 12~2시 체크인이지만, 정확한 시간을 미리 숙지해야 예상치 못한 시간 낭비를 줄일 수 있다. 또한 조식이 포함되어 있는지 여부도 미리 확인하자. 픽업 서비스의 경우 대부분의 리조트에서 별도의 비용을 지불하고 요청할 수 있으며, 룸 예약 시 무료 픽업과 샌딩이 포함되어 있는 경우도 있다. 푸꾸옥의 경우 의외로 무료 픽업이나 샌딩을 제공하는 곳이 많으므로 호텔에 미리 메일이나 전화로 문의해 보자.

3 셔틀 운행시간과 비용 확인

나트랑의 많은 리조트에서 시내까지 셔틀을 운행하고 있으므로 홈페이지 등에서 시간을 미리 확인하자. 푸꾸옥 역시 많은 여행자가 즈엉동 마을의 야시장을 방문하기 때문에 야시장행 셔틀버스를 운행하는 경우가 많다. 셔틀은 일정 비용을 지불해야 하는 경우도 있는데, 이 경우 일행의 규모에 따라 택시를 대절하는 편이 나을 수도 있으니 잘 비교해서 선택하자.

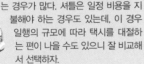

4 예약 시 각종 혜택을 알차게 활용!

국내 여행사가 아닌 인터넷 호텔 예약 대행 사이트를 통해 예약할 경우 각종 혜택을 놓치기 쉽다. 또한 각 호텔 홈페이지에서 직접 예약할 경우 레스토랑 할인 등 추가 혜택을 제공하기도 하므로, 미리 챙겨서 좀 더 알차게 리조트를 즐기자!

5 다양한 고객 서비스는 미리미리 체크!

고급 리조트일수록 다양한 시설을 무료로 이용할 수 있고 각종 액티비티를 제공하기도 한다. 5성급 리조트의 경우 대부분 무료로 사우나 시설을 이용할 수 있고 아침에는 무료 요가 강습도 열린다. 아이가 있다면 키즈클럽에서 운영되는 액티비티도 확인해 보자. 대부분 하루 전에 예약해야 한다.

6 세이프티 박스 이용

고급 리조트라도 도난사고는 언제나 있을 수 있으며 그 경우 책임소재를 파악하기가 쉽지 않다. 따라서 애초에 세이프티 박스를 이용하는 것이 좋다. 대부분 비밀번호를 새로 세팅해 사용하게 되어 있다.

7 미니 바 및 무료 어메니티

미니 바 내부의 음료는 특별한 경우를 제외하고는 모두 유료이고 미니 바 외부에 있는 생수 중 일부가 무료이므로 헷갈리지 말자. 고급 리조트의 경우 추가로 요청하면 더 갖다주기도 한다. 작은 용기에 든 어메니티는 기념으로 가져갈 수도 있다.

8 레이트 체크아웃으로 마지막까지 즐겨라!

일반적으로 저녁 6시 체크아웃까지 숙박비의 50%, 그 이후 체크아웃 시 100%의 요금을 청구한다. 하지만, 객실 상황에 여유가 있는 경우 한두 시간 정도는 무료로 늦춰주기도 하므로 미리 문의해 보자. 인근의 저렴하고 깨끗한 숙소를 짐 보관 및 샤워용으로 예약하는 것도 방법이다. 고급 호텔 브랜드의 경우에는 멤버쉽 회원 등급에 따라, 혹은 공식 홈페이지에서 예약한 경우 특별히 늦은 체크아웃 서비스 혜택을 제공하기도 한다.

베트남 한눈에 보기

저렴하고 맛있는 음식, 넓은 바다로 각광받으며 우리들에게도 많이 익숙해진 베트남이지만, 우리 나라와 다른 점은 생각보다 더 많다. 베트남은 여전히 사회주의 체제를 유지하고 있고, 인구수가 세계 15위나 된다는 사실! 베트남의 정보를 한눈에 알 수 있도록 요약했다.

★ 국가 개요

국명	베트남 사회주의 공화국
수도	하노이
면적	330,951㎢
인구	약 9,969만여 명(2023 통계청 기준)
기후	아열대 기후
종교	대승불교(70%), 가톨릭(10%), 까오다이교 · 이슬람교 · 기타(20%)
종족	54개의 종족이 있으며 그중 낑족(Kinh)이 전체 인구의 90%를 차지한다.
시차	표준 시간대 UTC/GMT+7(한국시간−2시간) (※한국이 오전 10시라면 베트남은 오전 8시)
전기	220V(110V 사용 가능)
화폐	50만, 20만, 10만, 5만, 2만, 1만, 5천, 2천, 1천, 500동의 지폐
근무시간	정부기관(월~금 08:00~17:00), 은행(월~금 08:00~16:30)
홈페이지	베트남 관광청 vietnam.travel

★ 까오다이교란?

응오 민 찌에우Ngo Minh Chieu는 프랑스의 식민지배 시절, 동서양 종교를 모두 통합하여 베트남 민족에 맞는 새로운 종교를 만들기로 결심하고, 1926년 까오다이교를 창시했다. 대승불교를 기본으로 윤회를 벗어날 것을 궁극적인 목적으로 하지만 그 외에도 수많은 종교의 가르침을 모두 따른다. 이를 증명하듯, 까오다이교의 사원 곳곳에는 예수, 무함마드, 석가, 공자, 노자, 토속신의 형상을 찾아볼 수 있다. 지구본 중심이나 사원 벽에 그려진 외눈은 '천안(天眼)'이라 하여 신의 현존을 뜻한다.

Tip | 영상으로 미리 만나는 베트남

〈고양이띠 요리사〉
베트남에서 레스토랑을 운영하는 한인 셰프의 드라마

〈님은 먼곳에〉
남편을 찾아 베트남 전쟁 한가운데로 뛰어든 여인!

〈시클로〉
시클로를 몰며 가족을 부양하는 소년의 어두운 이야기

〈그린 파파야 향기〉
1950년대의 베트남을 배경으로 어린 시절부터 하녀로 살아온 여인의 이야기

함께 즐기자! 베트남의 축제와 기념일

푸꾸옥과 나트랑은 현지인들에게도 인기 있는 휴양지이다. 특히 일 년에 여섯 번밖에 없는 공휴일에 여행한다면 호텔을 일찍부터 예약하는 것은 필수!

★ 공휴일

1월 1일	신년(Tết Dương Lịch)
음력 1월 1일~4일	음력설(Tết Nguyên Đán)
음력 3월 10일	베트남 건국시조 기일(Giỗ Tổ Hùng Vương)
4월 30일	독립기념일(Ngày Giải Phóng)
5월 1일	노동절(Ngày Quốc Tế Lao Động)
9월 2일	베트남 국가의 날(Quốc Khanh)

★ 기념일

음력 1월 15일	정월 대보름(Tết Nguyên Tiêu)
2월 3일	공산당 창립기념일 (Ngày Thành Lập Đảng Cộng Sản)
음력 4월 15일	석가탄신일(Lễ Phật Đản)
음력 5월 5일	단오일(Tết Đoan Ngọ)
5월 7일	디엔비엔푸 승전기념일 (Ngày Chiến Thắng Điện Biên Phủ)
5월 19일	호치민 생일(Ngày Shin Chủ Tịch Hồ Chí Minh)
6월 28일	가정의 날(Ngày Gia Đình)
음력 7월 15일	종월절(Tết Trung Nguyên)
음력 8월 15일	추석(Tết Trung Thu)
8월 19일	8월 혁명기념일(Ngày Cách Mạng Tháng Tám)
10월 20일	여성의 날(Ngày Phụ Nữ)
12월 22일	인민군 창설기념일 (Ngày Hội Quốc Phòng Toàn Dân)

이 정도는 알고 가자!
알면 알수록 재밌는 베트남 역사

베트남은 일찍이 힌두 문화가 발달했으나 그 명맥이 끊긴 뒤 주로 불교와 유교가 번성했다. 또한 프랑스의 오랜 식민지배, 미국과의 전쟁 등 아픈 역사가 있다는 사실을 알면 여행이 좀 더 깊어질 것이다.

1 │ 국가의 성립

구석기, 신석기시대를 거쳐 청동기와 철기시대인 동선^{Đông Sơn} 문화기에 국가의 형태가 형성되었다. 이후 기원전 300년경 어우락국^{Âu Lạc}이 건립되고, 철기시대에 베트남 남부에 힌두교를 믿는 참족이 참파 왕조^{Campa Dynasty}를 세웠다. 베트남 중남부 지방 일대를 장악한 참파 왕조는 한때 캄보디아의 앙코르와트까지 무너뜨릴 정도로 그 위세를 떨쳤으나 어우락국의 확장에 밀려 수도 이전을 반복하다 결국 멸망했다. 참파 왕조의 후손들은 오늘날 이슬람교를 믿는 소수민족으로 베트남에 남아 있다.

2 │ 중국의 지배

기원전 111년에 중국의 한나라가 어우락국(남비엣)을 지배하는 과정에서 베트남에 중국 문화가 유입되었다. 한나라의 경제적 착취와 문화적 동화정책에 베트남인은 저항운동을 펼쳤고, 결국 938년 박당^{Bạch Đằng} 전투에서 승리한 응오꾸옌^{Ngô Quyền}은 베트남의 첫 독립국가를 설립했다.

3 │ 왕조시대

하노이에 수도를 정한 리 왕조^{Ly Dynasty}는 새로운 나라의 이름을 다이비엣^{Đai Viêt}으로 정했다. 이 시기부터 베트남은 기존의 봉건체제에서 탈피하여 중앙집권적인 군주국가가 됐다. 이후 쩐 왕조^{Tran Dynasty} 기간에는 아시아는 물론 유럽까지 위세를 떨쳤던 쿠빌라이칸의 몽골군이 침략하기도 하였으나 베트남만은 유일하게 점령하지 못했다. 당시 하노이 북부에서 몽골 침략군을 두 차례에 걸쳐 격퇴한 쩐흥다오^{Tran Hung Dao} 장군의 동상을 하노이에서 볼 수 있다.

쩐 왕조 후기에 농노의 반발로 호 왕조^{Ho Dynasty}가 성립됐으나 쩐 왕조의 후손이 다시 후기 쩐 왕조를 세웠다. 세력 간의 다툼으로 내란이 일어나는 등 불안정한 상황에서 1407년, 명나라는 다이비엣을 중국의 쨔오찌^{Giao Chi} 성에 포함시키고 베트남 문화의 흔적을 없애려 했다. 하지만 레 러이^{Lê Lơi}가 명나라 세력을 물리치며 새 왕조를 시작한다. 베트남의 왕조는 화려한 유교 문화를 이룬 응우옌 왕조를 마지막으로, 프랑스의 지배를 받으며 사라지게 된다.

4 | 프랑스의 식민지배

프랑스는 청나라와의 불평등 조약인 텐진조약을 체결한 직후, 1858년 다낭 지역을 공격했다. 전투에서 진 응우옌 왕조는 1862년에 국토 할양 및 배상금 지불을 내용으로 하는 불평등조약인 사이공조약 체결을 시작으로 제1차, 제2차 후에 조약을 맺었으며 프랑스는 베트남을 보호령으로 편입시키고 식민지배를 시작했다. 이 50여 년 동안 베트남 곳곳에서 극렬한 독립운동이 발생했으나 독립운동가들은 대부분 투옥되고 사형을 당하기도 했다. 프랑스의 지배는 1945년 8월 호치민의 베트남독립동맹Việt Minh Front이 일으킨 해방운동을 계기로 막을 내리게 된다.

5 | 남북 전쟁

프랑스가 제2차 세계대전 이후 다시 베트남을 점령하려고 시도했지만, 베트남은 디엔비엔푸Điện Biên Phủ 전투에서 대승을 거두고 완전한 독립을 달성한다. 하지만 미국이 베트남의 공산화를 막는다는 명목으로 개입했다. 제노바 협약 직후, 남부 지역에 미군정의 지원을 받은 친미정권이, 북부 지역에는 베트남 민주주의 공화국Democratic Republic of Vietnam이 들어서면서 20년의 길고 긴 베트남 전쟁을 치르게 된다. 이 기간 동안 미국은 베트남 전역에 수백만 톤의 폭탄을 퍼부었으며 전세가 불리해지자 한국, 호주 등의 파병을 받아 총력을 다했으나 1973년 패배를 인정했다. 이후 1975년 5월 1일 북베트남이 통일을 이뤘고, 베트남 사회주의 공화국The Socialist Republic of Vietnam이 탄생한다.

힌두교부터 불교,
유교까지
이국적인 유물들

6 | 대 중국 전쟁

1979년 덩샤오핑의 중화인민군이 베트남을 침공하면서 또다시 전쟁이 시작되었다. 베트남이 캄보디아 킬링필드의 주범인 폴 포트 독재정권을 무력으로 전복시킨 데 보복으로, 캄보디아 독재정권의 후견인 역할을 하던 중국이 일으킨 전쟁이었으며 17일간 계속되었다. 중국과의 전투에서 승리한 보응우옌잡 장군은 1954년 프랑스를 물리친 디엔비엔푸 전투의 사령관이기도 하며, 이후 베트남의 영웅으로 추앙받고 있다.

베트남 사람들과 친구 되기

짧은 여행이라도, 먼저 마음을 열고 다가서면 베트남인과 좋은 친구가 될 수 있다.
중국과 프랑스, 미국에 대항해 승리한 역사를 만든, 강인한 베트남 사람들의 매력을 공개한다!

1 | 공동체 의식

베트남에는 총 54개의 종족이 어울려 살아가고 있다.
문화는 중국과 인도에서 큰 영향을 받았으며, 인종적
으로는 몽골인종으로 구분된다. 홍수와 태풍의 피해
가 잦은 자연 환경으로 인하여 북부의 홍강 유역 일대
에는 거대한 제방의 축조가 필요했고, 이는 베트남 사
람들의 강한 공동체 의식이 형성되는 계기가 되었다
고 한다. 이는 하노이 인근의 북부 지방 사람들에 비
해 메콩강 하류의 호치민(사이공) 사람들이 더 사교적
인 이유로도 꼽히곤 한다. 한편 이러한 공동체적 유대
감 때문에 베트남 사람들은 지역주의가 강하며 폐쇄
적인 성격을 가졌다고도 평가된다. 또한 중국에서 영
향을 받은 유교적인 전통으로 조상 숭배 및 관혼상제
를 중시하고, 노인 공경 사상이 발달되어 있다.

2 | 강인한 성격

프랑스, 미국과 중국과의 오래된 저항의 역사는 베트
남인의 정체성에서 또다른 중요한 부분을 차지한다.
계속된 식민지 상황과 내전, 강대국과의 전쟁에서도
굴하지 않고 지속적으로 저항해온 역사에서 우러나는
강한 자부심이 그것이다. 또한 외국과의 오랜 전쟁으
로 인해 외국인을 경계하는 편이다.

3 | 소박하고 순진한 매력

최근 급격한 성장을 이루고 있는 만큼, 경제중심지인
호치민은 우리나라와 다를 바 없을 만큼 발전한 도시
이다. 하지만 푸꾸옥과 나트랑을 포함해 대부분의 베
트남 지역은 우리나라의 옛 시골 풍경에 가깝다. 소박
하고 내성적인 베트남 사람들은 여행자에게 자칫 무
뚝뚝하게 느껴질 수도 있지만, 먼저 인사를 하고 다가
가면 더없이 정다워진다.

이것만은 꼭 지켜주세요~ 베트남 에티켓

어느 나라를 여행하든 우리와는 다른 문화 때문에 매너가 없다고 오해받으면 속상하지 않을까? 놓치기 쉬운 기본 에티켓을 정리했다.

1 | 사회주의 정부체제 비판은 No~

개방경제 정책을 취하고 있지만 사회주의 정부체제인 만큼 체제에 대한 비판은 삼가자. 국가 보안 시설이나 군사 시설의 사진 촬영 역시 금지된다. 자본주의적 친절함 역시 한국 기준으로 생각하면 높지 않으므로 레스토랑이나 가게에서 받는 서비스가 무뚝뚝하게 느껴질 수 있다.

2 | 현지인들에게 예의 갖추기

유교 문화가 강하고 자존심 높은 분위기인 만큼 베트남 사람들을 대할 때는 예의를 갖춰야 한다. 낮은 경제 사정이나 허름한 행색만으로 현지인을 무시하는 태도를 보일 경우 큰 사고가 날 수 있다. 역사적으로도, 베트남 전쟁 당시 많은 베트남 일반인들이 한국군에게 피해를 입었다. 피부에 와 닿는 적대감은 느낄 수 없지만 아직 당시의 상황을 기억하는 사람들이 있으므로 그들에게 먼저 웃으면서 다가가려는 마음가짐이 필요하다.

3 | 포교 금지

베트남은 종교의 자유가 있지만 외국인의 포교 행위는 금지하고 있으며 발각 시 추방 등 강경한 제재조치를 받게 되므로 삼가야 한다.

4 | 기분이 좋았다면 팁!

베트남에는 팁 문화가 있다. 부담을 가질 필요는 없지만 좋은 서비스를 받은 경우에는 적절한 팁(2만~10만 동)을 주도록 하자.

02

Enjoy **Phu Quoc & Nha Trang**

푸꾸옥 & 나트랑을
즐기는 가장 완벽한 방법

Phu Quoc 푸꾸옥

'숨겨진 보석' 푸꾸옥을 소개합니다

'풍요로운 땅'이라는 뜻의 푸꾸옥은 베트남 사람들 사이에서도 일생에 꼭 한번쯤 방문해야 할 꿈의 여행지로 손꼽힌다. 유네스코가 생물권 보존지역으로 지정한 황홀한 **산호 군락지**와 섬의 반 이상을 차지하는 울창한 **국립공원**, 총 길이 150km에 달하는 길고 긴 **해안선** 등 푸꾸옥은 다양한 취향을 만족시키기에 충분하지만, 여행자들은 이곳에서 햇살 가득한 해변의 선베드에 누워 투명한 바다를 바라보는 데 대부분의 시간을 보낸다.

푸꾸옥을 푸켓에 버금가는 아시아의 여행 중심지로 만들겠다는 베트남 정부의 야심찬 계획의 일환으로 2012년 국제공항이 오픈한 이래 섬 곳곳에 5성급 호텔과 리조트, 수준급 병원과 카지노까지 앞다투어 건설되었다. 그러나 많은 지역은 아직 개발이 미흡한 상태로 남아 있어, 푸꾸옥섬 곳곳을 탐험하며 새로운 낙원을 발견하는 재미도 쏠쏠하다.

몇몇 곳은 여전히 공사가 진행되고 있어 어수선하게 느껴질 수도 있지만 《허핑턴 포스트》가 '유명해지기 전에 꼭 가봐야 할 여행지'로 선정했을 만큼, 동남아의 평범한 해변 휴양지로 탈바꿈하기 전인 지금이 푸꾸옥을 만날 최적의 여행 시기이다. 아직도 서툴고 부족하지만 그래서 더 순박하고 흥미로운 푸꾸옥의 아름다운 해변과 밀림, 그리고 황홀한 바닷속으로 뛰어들어 보자.

푸꾸옥 여행안내사이트   www.phuquocislandguide.com

★ History

푸꾸옥은 캄보디아 사람들에게 코트랄섬Koh Tral으로 알려져 있다. 또 고
고학적 유물은 발견되었지만 많은 것은 알려지지 않은 상태이다. 17세기
무렵에는 캄보디아의 크메르 왕국에 속한 섬으로, 크메르 왕이 중국 상인
이자 탐험가인 막구郎玖에게 이 섬을 포함한 캄보디아 남부 지역에 정착
을 허용했다고 한다. 이후 18세기 전쟁 와중에 막구가 베트남 응우옌 왕
조 측에 서면서, 베트남 왕조의 보호를 받게 되었다. 이후 푸꾸옥에는 캄
보디아인, 중국인, 베트남인이 주로 어업에 종사하며 거주해 왔다. 프랑스
선교사인 피뇨 드 비엔Pierre Pigneau de Behaine이 푸꾸옥에 신학교를 설립
했는데, 자롱Gia Long 황제가 왕위에 오르기 전 반란세력을 피하기 위해 이
신학교에 머무르기도 했다. 1821년 동인도 회사의 사절단이 푸꾸옥을 방
문했을 때 약 5천 명이 이곳에 살고 있다고 기록했다. 프랑스 식민지배 시
절, 프랑스는 이곳에 고무, 후추, 팜 농장 등을 지었다. 그들이 지은 감옥
은 이후 이곳을 주둔한 미군에 의해 사용되었는데, 4만 명 이상의 죄수들
이 이곳에 수감되었고, 수많은 고문이 자행됐다. 베트남 전쟁이 끝난 직후
캄보디아의 크메르 루즈 군대가 푸꾸옥을 침공했으나 베트남 군이 즉시
섬을 탈환했고, 추가적인 보복으로 프놈펜 공격을 단행하여 크메르 루즈
정권을 퇴출시켰다.

★ 여행 방법

푸꾸옥 서쪽 도시인 즈엉동을 중심으로 수많은 호텔과 리조트, 레스토랑
과 바 등이 자리하고 있고, 그 외에도 섬 곳곳에 여러 숙소들이 있다. 여행
중심지인 즈엉동의 롱 비치에 숙소를 정하면 다양한 레스토랑이나 바를
이용하기 편리하다. 프라이빗한 해변이 있는 숙소를 원한다면 푸꾸옥의
대표적인 대중교통인 택시를 이용하거나 오토바이 혹은 차량을 대여하는
수밖에 없다. 하지만 푸꾸옥 곳곳의 볼거리를 둘러보려면 어차피 차량을
대절하거나 여행사의 일일 투어를 이용해야 하므로 즈엉동 쪽에 굳이 오
랫동안 머물 필요는 없다. 되도록 해변과 가까운 숙소를 정하는 것이 바
다가 아름다운 푸꾸옥을 제대로 즐길 수 있는 방법이다.

일 년 내내 따뜻한 푸꾸옥의 날씨

★ 열대 몬순 기후

베트남의 푸꾸옥은 계절풍의 영향을 받는 열대 몬순 기후대에 속한다. 평균 온도는 30도 정도이며, 대체로 가장 더운 4월에 32도, 가장 시원한 1월은 30도 정도로 기후에 큰 변화가 없다. 건기에는 북동풍이, 우기에는 남서풍이 분다. 건기의 북동풍은 푸꾸옥의 동쪽 해변 대부분에 영향을 미치고, 반대로 우기에 부는 남서풍은 서쪽 해변에 크게 영향을 미친다. 남서풍은 생각보다 더 큰 파도를 일으켜 위험한 해류를 야기하기 때문에, 이때 물에 너무 깊이 들어가는 것은 위험하며 늘 해변의 위험경고 표시 깃발을 잘 살펴야 한다. 따라서 우기는 섬 동쪽에 위치한 아름다운 해변들을 탐험하는 데 더 좋은 시기이다.

★ 건기

건기는 11월에서 4월로 비가 잘 내리지 않고 내내 화창한 날이 지속된다. 잔잔한 해변, 시야가 좋은 바다 덕분에 여행 최적기라고 할 수 있다. 5월이 되면 점점 습하고 더워지지만 여행에 크게 나쁜 시기는 아니다. 푸꾸옥은 전반적으로 여행자가 붐비는 편은 아니지만, 건기에 가장 많은 여행객이 방문하고 그만큼 항공비와 숙박비, 투어비가 올라간다.

★ 우기

우기는 4월 말이나 5월 초부터 10월까지인데, 이 시기에도 비오는 날보다 맑은 날이 더 많으며 더위를 식히는 소나기성 비가 평균 2일에 한 번 정도 쏟아진다. 하루종일 비가 내리는 것은 아니지만 짧은 시간 동안 엄청난 양의 비가 쏟아지므로 하수구의 역류현상을 주의해야 한다. 우기에는 보통 아침에 날씨가 좋고 오후에 흐려지므로, 아침에 투어나 해수욕을 즐기는 것이 좋다. 또한 서쪽 해변은 해류의 영향으로 캄보디아와 태국 방면에서 쓰레기가 몰려오므로 되도록 동쪽 해변에 머물 것을 추천한다.

한눈에 보는
푸꾸옥의 1년 평균 날씨

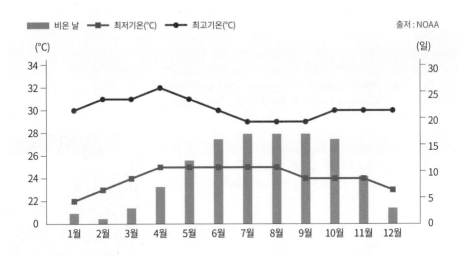

비온 날 ■— 최저기온(°C) ●— 최고기온(°C)   출저 : NOAA

어떻게 입고 갈까?
옷차림 & 푸꾸옥 필수템

베트남의 가장 남쪽에 위치한 푸꾸옥은 일 년 내내 기온이 높기 때문에 언제 가든 **여름 복장**이면 충분하다. 오히려 강한 햇빛을 가릴 **긴팔 옷**이나 **챙이 넓은 모자**를 챙기는 것이 더 중요하다. 사원 등을 방문할 경우, 특별히 복장을 제지하지는 않지만 그래도 소매가 없거나 노출이 너무 심한 복장은 삼가는 편이 좋다. 해수욕장은 온통 서양 여행자들 차지이므로, **수영복**은 입고 싶은 대로 자유롭게 선택하자!

푸꾸옥 드나들기

★ 비행기

국제선 항공

최근 동남아 휴양지 중 가장 핫한 곳인 만큼 많은 항공사 선택도 다양해졌다. 인천에서는 대한항공, 진에어, 제주항공, 이스타항공, 비엣젯이, 부산에서는 비엣젯이 직항편을 운항 중이다. 베트남항공은 대한항공과 코드셰어로 직항편을 내놓았지만, 자체 항공편으로는 하노이나 호치민시티를 경유해야 한다.

국내선 항공

베트남항공, 비엣젯, 비엣트래블에서 호치민, 하노이, 하이퐁 등지를 오가는 국내선 항공편을 운항하고 있다. 팬데믹 이전에는 다낭, 나트랑 등지에서도 직항편을 운항했으나, 위 3곳을 제외하면 대부분 호치민을 경유하게 된다. 호치민 공항은 국제선과 국내선이 바로 옆에 붙어 있어서(도보 5분 거리), 경유하는 데 특별히 어려운 점은 없다. 국제선 쪽에 짐 보관소(24시간 운영, 1층)가 있으므로 호치민에서 경유하는 시간이 길다면 한번 이용해 보자.

호치민의 교통체증은 유명하므로 스톱오버 시 지도상의 거리로 예상되는 시간보다 훨씬 많은 시간을 할애해야 하는 점을 절대 잊지 말자. 푸꾸옥 내부의 환율이나 유심칩 가격이 높은 편이므로 시간이 있다면 호치민 공항에서 미리 환전 및 유심칩 구매를 하는 것도 좋다.

비엣젯항공　www.vietjetair.com ｜ 1900-1866
베트남항공　www.vietnamairlines.com ｜ 0297 3846 086
비엣트래블　www.vietravelairlines.com ｜ 1900-6686

★ 푸꾸옥 국제공항 → 시내

푸꾸옥 공항에서 숙소까지 가장 대중적인 이동 수단은 택시다. 그랩은 시간대에 따라 잘 안 잡히기도 한다. 새벽 도착일 경우에는 미리 숙소에 픽업을 신청해 두는 편이 좋다. 공항에서 여행자 중심 거리인 즈엉동까지는 20분 정도면 도착할 수 있다.

알뜰 여행자라면 빈그룹이 운영하는 무료 셔틀 버스에 주목해 보자. 공항을 기준으로 북쪽은 그랜드 월드까지, 남쪽은 인터컨티넨탈 리조트까지 운행하는데, 운영시간이나 정류장은 빈버스VinBus 앱을 참고하면 된다.

★ 선박

베트남 본토인 락자Rach Gia, 하띠엔Ha Tien과 푸꾸옥 동쪽 바이붕 선착장을 오가는 선박을 이용할 수 있다. 즈엉동의 여러 여행사가 숙소에서 선착장, 배편, 호치민까지 차량편을 연계한 티켓을 판매하고 있다.

푸꾸옥 익스프레스　phuquocexpressonline.com ｜ 0942-018-046

푸꾸옥 둘러보기

★ 도보

여행자 거리인 즈엉동 주변을 둘러보는 데에는 도보로도 충분하다. 해가 뜨면 곧바로 기온이 올라가기 때문에 최대한 이른 시간이나 저녁 시간에 거리를 둘러보자. 로컬 마켓은 새벽부터 북적이고 낮에는 시장이든 국숫집이든 오픈 시간이라고 표시해 놓고도 개점 휴업인 경우가 많으므로 한낮에는 주로 일일 투어나 스노클링, 해수욕 등으로 일정을 잡는 것이 좋다.

★ 자전거

즈엉동에서 조금 더 먼 곳으로 나가보려면 자전거가 편리하다. 거리에는 여행자들을 위한 쇼핑몰과 우리에게 익숙한 에스프레소 커피숍이 드문드문 존재하고, 특별히 볼 것은 없지만 에어컨이 시원한 박물관도 있어서 도보나 자전거로 돌아다니는 여행자들의 쉼터가 되어준다. 롱 비치 중간중간에 위치한, 독특한 분위기의 선셋 바나 카페를 찾아보는 것도 쏠쏠한 재미가 있다.

★ 차량 렌트

좀 더 먼 거리 여기저기 구석구석을 둘러보려면 운전사와 함께 차량을 대절하는 것도 좋다(베트남에서는 차량만 렌트하는 것은 불가능하다). 즈엉동 마을에 비해 여행자를 보기 힘든 안터이 마을에서는 베트남 현지인의 삶을 제대로 느낄 수 있다. 국립공원이 있는 북쪽에는 비포장도로가 많지만 곳곳에 숨은 작은 마을과 해변을 둘러보는 재미가 쏠쏠해서 많은 탐험가의 인기 코스가 되고 있다. 업체에 따라 다르지만, 50$ 정도면 7인승 차량을 4시간 동안 대절할 수 있다. 차량을 대절할 때에는 운전사에게 지도를 보여주며 정확히 어느 곳을 방문할 건지 미리 체크하는 것이 시간 낭비를 방지하는 길이다.

★ 오토바이 렌트

대부분의 호텔에서 오토바이를 대여할 수 있다. 원칙적으로 국제 면허증이 있어야 하지만 요구하는 곳은 거의 없다. 오토바이의 종류에 따라 하루에 15만~20만 동으로 대여가 가능한데, 연료는 직접 채워 넣어야 한다. 대여하기 전에 오토바이를 미리 점검하고 계약서를 꼼꼼히 챙기자. 운행 시에는 반드시 헬멧을 착용해야 하며, 도로에 모래가 많아 미끄러지기 쉬우므로 최대한 여유를 갖고 운전하자. 도로가 넓고 차량이 적은 대신 과속 차량이 많으므로 야간운전이나 음주운전은 매우 위험하다.

★ 택시, 그랩, 빈버스

푸꾸옥에서 가장 대중적인 교통수단은 택시다. 하지만 언어 소통이 힘들고 바가지요금이 있어, 그랩Grab(카카오택시 같은 앱 기반 호출 차량) 이용이 대부분이다. 한국에서 미리 그랩 앱을 다운받아 회원가입까지 해두는 것이 좋다. 푸꾸옥에서 버스 이용은 매우 제한돼 있다. 그 대안으로 등장한 것이 빈그룹에서 운영하는 무료 셔틀버스다. 이에 관한 자세한 정보는 '무료 셔틀 빈버스VinBus(p.86)'를 참고하자.

63

푸꾸옥에서 이것만은 꼭!

숨겨진 보석 같은 휴양지 푸꾸옥은 이제 막 주목받기 시작한 만큼 어딘지 서투르고 소박해 보인다. 하지만 푸꾸옥은 그만큼 예상하지 못한 즐거움을 찾을 수 있는 곳이기도 하다. 이 비밀의 섬에서 꼭 해야 할 일을 꼽아보았다.

★ 한적하게 해수욕 즐기기

길고 한적한 모래사장과 화창한 햇살. 바다에서 불어오는 시원한 바람과 규칙적으로 들려오는 평화로운 파도 소리의 조화가 완벽한 푸꾸옥에 왔다면 당연히 시원한 음료를 한쪽에 놓아두고 느긋하게 해수욕부터 즐겨야 한다.

★ 로맨틱한 선셋을 보며 사색하기

해변의 선셋은 어디에서나 아름답지만, 푸꾸옥의 선셋은 자연적인 풍광과 복잡하지 않고 느긋한 분위기, 투명한 바다가 어우러져 더 아름답다. 서쪽 해변 곳곳에는 다양한 분위기의 선셋 바가 자리하고 있으므로 장소를 바꿔가며 매일매일 다른 선셋을 즐겨보자.

★ 멸치액젓(느억맘) 공장 투어

플랑크톤이 풍부하고 오염되지 않은 바다에서 잡은 멸치로 만든 액젓은 푸꾸옥의 대표적인 특산물이다. 갓 잡아서 아직도 살아 있는 멸치와 3개월 이상 보관해서 떫은맛을 뺀 붕따우 지역의 천연 소금 혹은 간장을 15톤짜리 나무 발효통에 넣어 1년 이상 숙성시킨다. 신선한 멸치를 사용하기 때문에 생선이 흩어지지 않고 냄새도 덜하며 맛도 타 지역의 액젓보다 훨씬 좋다. 전통적인 방식으로 조제해서 더 깊은 맛을 내는 푸꾸옥 특유의 액젓 공장이 푸꾸옥섬 곳곳에 100여 개 정도 흩어져 있는데, 사실 커다란 통과 진한 냄새밖에 없지만 확실히 인상적이므로 한 번쯤 둘러보면 좋다. 세계적으로 유명한 푸꾸옥의 액젓을 구입할 때는 항공 이송에 문제가 없을 만큼 확실하게 포장되어 있는 것을 고르자.

★ 특별한 후추를 찾아라!

세계 후추 생산량의 30%가 베트남에서 생산된다. 베트남 최대의 후추 산지는 베트남 중부의 고원도시 달랏이지만, 푸꾸옥의 후추는 스파이시하고 독특한 향으로 유명하다. 푸꾸옥의 약 8백 가구 이상이 후추 농업에 종사할 정도! 4년 이상 자란 나무의 후추부터 수확하기 시작하며 7년 된 나무에서 나는 후추가 가장 맛이 좋다고 한다. 생선 뼈와 함께 발효시킨 퇴비를 뿌려 붉은 색을 띄는 토양이 푸꾸옥 후추의 독특한 향을 만든다. 매운맛이 없어 달콤한 적후추나 열매의 껍질을 발라내 향이 부드러운 백후추, 완전히 익지 않은 열매를 말린 녹후추의 풍부한 맛과 향을 즐겨보자.

★ 나를 위한 진주 선물

베트남 곳곳에서 진주 양식장을 찾아볼 수 있지만, 푸꾸옥의 진주는 아름다운 빛깔과 무늬 덕분에 특히 고급스럽다고 평가된다. 그중에서 은은한 회색과 푸른색이 감도는 흑진주는 최상급 진주로 취급되는데, 베트남 본토에서보다 훨씬 저렴하게 구입할 수 있다. 푸꾸옥 곳곳에 대형 진주 매장이 들어서 있는데, 보통 매장에 들어서기 전에 진주를 채취하는 방법 등을 간단하게 시연해 준다. 진주는 내구성 문제로 재판매가 어려운 보석류인 만큼 직접 사용할 용도나 선물용으로만 구입할 것을 권한다.

스노클링 & 스쿠버 다이빙

유네스코가 지정한 생물권 보존지역이자 수많은 산호와 바다생물의 서식지인 푸꾸옥의 바다는 아직까지 사람의 손길이 많이 닿지 않아 황홀한 아름다움을 지니고 있다. 섬 곳곳에 많은 스노클링 포인트가 있지만, 혼텀섬 인근과 간저우 지역에 산호 군락이 가장 밀집돼 있다.

스노클링도 좋지만, 바다를 더 깊이 탐험하는 스쿠버 다이빙은 더 좋다. 109종의 산호와 그곳에 서식하는 백여 종의 물고기는 수심과 지역에 따라 다양하게 모습을 바꾼다. 화려한 푸꾸옥의 바다를 제대로 즐길 수 있는 스쿠버 다이빙 숍도 쉽게 찾아볼 수 있다.

★ 맘껏 즐기는 빈원더스

화려한 놀이동산을 기대하면 조금은 실망할 수 있는 수준이지만, 사람이 많지 않아서 줄을 서지 않고 내키는 대로 놀이기구와 수족관, 워터파크를 맘껏 즐길 수 있다. 길거리 퍼레이드와 3D 맵핑 쇼도 있다.

★ 정글 속 동물원을 찾아서

푸꾸옥의 수많은 동물과 식물이 서식하는 국립공원 옆에 자리한 동물원! 이곳의 사파리는 아주 화려하지는 않지만, 많은 종류의 동물을 볼 수 있다. 그 외에도 앵무새 공연, 동물 먹이 주기 등의 다양한 체험을 할 수 있어 아이들과 함께 즐거운 시간을 보내기 좋다.

★ 싱싱한 해산물 즐기기

신선한 해산물은 푸꾸옥 여행의 보너스 같은 것이다. 특히 이곳의 성게는 베트남의 다른 곳에서보다 훨씬 저렴한 가격에 맛볼 수 있어 베트남 현지 여행자들도 즐겨 먹는다. 야시장을 비롯해 푸꾸옥 전역에서 해산물 레스토랑을 찾아볼 수 있다.

★ 씽씽~ 바이크 투어

최근 섬 곳곳에서 도로 공사가 한창이지만, 아직 차량이 많지 않아 비교적 안전하게 오토바이 여행을 즐길 수 있다. 오토바이 운전이 익숙하다면 섬 전체에 자리한 아름다운 해변과 현지인들의 소박한 마을을 둘러보는 바이크 투어를 계획해 보자. 물론 제일 중요한 것은 안전이니 조심, 또 조심할 것!

★ 세계에서 가장 긴 해상 케이블카에 도전!

푸꾸옥 남쪽에 세계에서 가장 긴 3선 해상 케이블카가 있다. 여러 섬에 세워진 거대한 콘크리트 기둥이 아쉽긴 하지만, 케이블카에서 바라보는 안터이 군도의 풍광은 황홀하다. 곳곳에 숨은 아름다운 섬과 해변뿐 아니라, 옹기종기 삶의 터전을 꾸린 이곳 사람들의 생활도 짐작해 볼 수 있다.

3박 4일 아이와 행복한 가족 여행

아이와 함께하는 여행에는 더 신경 쓸 게 많다. 안전이 가장 우선이고, 아이들이 쉽게 지치는 만큼 체력 분배도 중요하다. 해변에서 물놀이, 즐거운 테마파크부터 색다른 볼거리까지! 부모도, 아이도 즐거운 장소들만 꼽았다!

Day 1

17:20 **푸꾸옥 도착**
인천-호치민(경유)-푸꾸옥 베트남항공편 기준

18:00 **숙소 체크인 후 휴식**

18:30 **저녁 식사**
리조트 인근에서 식사

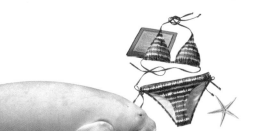

Tip | 맛집 탐방보다는 휴양에 집중!
푸꾸옥은 지역이 넓은 반면 맛집은 드물어서, 맛집 탐험을 하려면 이동 시간이 매우 길 수밖에 없다. 꼭 가보고 싶은 맛집이 있다면 일정 자체를 그 지역 위주로 짜고, 그게 아니라면 식사는 되도록 리조트의 레스토랑이나 숙소 인근의 음식점을 활용하는 것이 좋다.

Day 2

09:00 **스노클링**(p.106)
푸꾸옥의 투명한 바다에 뛰어들며 여행을 시작해 보자. 화려하고 아름다운 산호초가 여행객을 반긴다. 다양한 프로그램이 있지만 대부분 두 곳 정도에서 스노클링을 하고 점심을 먹은 뒤 아름다운 해변에서 해수욕을 즐기게 되어 있다.

13:00 **선상에서 점심 식사 후 해수욕**

18:00 **귀가 후 휴식**

19:00 **푸꾸옥 야시장**(p.82)

야시장의 규모는 크지 않지만, 푸꾸옥에서 살 만한 거의 모든 것이 이곳에 있다. 흥겨움이 넘치는 야시장을 둘러본 뒤 신선한 해산물도 즐기자.

Day 3

09:00 빈펄 사파리(p.90)

빈원더스와 사파리를 하루에 둘러볼 수 있는 콤보 티켓을 구입해 하루를 빈원더스에 투자하자! 아침 일찍 도착해 더워지기 전에 사파리를 둘러보고, 각종 공연도 챙기자.

12:00 빈원더스 내에서 점심 식사

13:00 빈원더스(p.86)

빈원더스의 놀이기구는 크게 무서운 것이 없어서 오히려 가족 모두가 함께 즐기기 좋다. 놀이기구가 많지 않으므로 적당히 둘러보다가 워터파크에서 물놀이를 하며 나머지 시간을 즐겨보자.

18:00 그랜드 월드 & 저녁 식사(p.89)

그랜드 월드로 이동해 저녁 식사를 한다. 야경이 예쁜 그랜드 월드 곳곳을 돌아보고 분수쇼도 즐긴다.

Day 4

10:00 숙소 체크아웃 후 선 월드 혼텀(p.102)

세계에서 가장 긴 3선 해상 케이블카를 타고 혼텀섬으로 가보자. 멋진 바다 전망도 보고, 아이들이 좋아하는 워터파크, 놀이공원도 마지막까지 알차게 즐길 수 있다.

12:00 점심 식사

선 월드 혼텀 내 식당

15:00 선셋 타운(p.101)

이탈리아의 어느 작은 마을에 온 듯한 선셋 타운에서 사진도 찍고, 스타벅스에서 간식과 음료도 마시며 여행을 정리한다.

19:35 푸꾸옥 출발

푸꾸옥-호치민(경유)-인천 베트남항공편 기준

3박 4일 연인과 떠나는 로맨틱 여행

푸꾸옥은 베트남인들이 많이 찾는 신혼여행지인만큼, 연인과의 로맨틱한 시간을 보내기에 최적이다! 한적하고 아름다운 푸꾸옥의 바다를 즐기며 두 사람만의 아늑하고도 달콤한 시간을 한껏 누려보자. 애정이 더욱 깊어질 것이다.

Day 1

05:35 | 푸꾸옥 도착
인천-푸꾸옥 비엣젯항공편 기준

06:00 | 숙소 얼리 체크인
혹은 카운터에 짐 맡기고 휴식

09:00 | 스노클링(p.106)
푸꾸옥의 투명한 바다에 뛰어들며 여행을 시작해 보자. 화려하고 아름다운 산호초가 여행객을 반긴다. 다양한 프로그램이 있지만 대부분 두 곳 정도에서 스노클링을 하고 점심을 먹은 뒤 아름다운 해변에서 해수욕을 슬기게 되어 있다.

13:00 | 배 위에서 점심 식사 후 해수욕

19:00 | 저녁 식사
리조트 인근에서 식사

Day 2

09:00 | 일일 투어(p.84)
푸꾸옥 곳곳을 둘러보며 탐험해 보자. 후추 농장이나 꿀벌 농장 등 소소한 볼거리를 둘러보는 게 다이지만 중간중간 밀림을 걷기도 하고, 한적한 해변에서 수영하기도 하며 여유로운 시간을 보낼 수도 있다.

12:00 | 점심 식사
일일 투어 시 점심 식사를 별도로 주문하면, 꽤 괜찮은 퀄리티의 식사를 할 수 있다.

15:30 | 귀가 후 휴식

17:00 | 선셋 즐기기
리조트의 전용해변, 혹은 가장 가까운 해변으로 나가서 뉘엿뉘엿 지는 해를 바라보자. 아무런 걱정도 없이, 이 순간을 즐기면 된다!

19:00 | 푸꾸옥 야시장(p.82)
야시장의 규모는 크지 않지만, 푸꾸옥에서 살 만한 거의 모든 것이 이곳에 있다. 흥겨움이 넘치는 야시장을 둘러본 뒤 신선한 해산물도 즐기자.

Day 3

09:00 껨 해변(p.95)

하얀 모래, 긴 야자나무가 환상적인 껨 해변은 연인들에게 추천 코스! 여행객이 적어 한적하고 별이 숨어 있을 것 같은 하얗고 부드러운 해변과 에메랄드빛 바닷물이 환상적이다. 푸꾸옥에서 가장 아름다운 해변 중 하나인 이곳에서라면 인생샷 하나쯤은 쉽게 건질 수 있다!

13:00 점심 식사

껨 해변 근처 식당

14:00 해수욕

푸꾸옥의 바다는 아무리 봐도 질리지 않는다. 점심 식사를 마쳤다면, 또 다시 바다로 풍덩 빠져들자. 껨 해변에 계속 머물러도 좋고, 숙소 근처로 자리를 옮겨도 좋다.

17:00 마사지

하루의 피로를 풀어주는 시간! 다른 베트남 지역에 비해 비싼 편이긴 하지만, 역시 안 받으면 손해다.

19:00 저녁 식사

아름다운 일몰을 즐길 수 있는 스카이 바 혹은 비치 바에서 식사

Day 4

09:00 리조트 즐기기

좋은 숙소라면 좋은 숙소대로, 저가형 숙소라면 저가형 숙소대로 나름의 멋이 있다. 체크아웃하기 전, 숙소의 모든 것을 누리겠다는 마음으로 뒹굴거리자!

11:00 숙소 체크아웃 후 점심 식사

리조트 인근에서 식사

15:30 푸꾸옥 출발

푸꾸옥-인천 비엣젯항공편 기준

3박 4일 온 가족이 함께 떠나는 휴양 여행

가족 전체가 함께하는 여행이라면, 이것저것 신경 쓰지 말고 휴식에만 집중해 보는 건 어떨까? 아름다운 해변이 가득한 푸꾸옥이 최적의 여행지이다! 물론 하루 종일 쉬면 심심할 수 있으니 남녀노소가 모두 좋아하는 추천 여행지도 포함했다.

Day 1

05:35 **푸꾸옥 도착, 숙소 체크인**
인천–푸꾸옥 비엣젯항공편 기준

13:00 **점심 식사**
리조트 인근에서 식사

14:00 **리조트 즐기기**
야간 비행은 남녀노소 모두에게 힘들다. 첫날은 리조트 시설을 마음껏 즐기며 피로를 푸는 게 좋다.

17:00 **선셋 즐기기**
리조트의 전용해변, 혹은 가장 가까운 해변으로 나가서 뉘엿뉘엿 지는 해를 바라보자. 아무런 걱정도 없이, 이 순간을 즐기면 된다!

19:00 **저녁 식사**
불쇼를 볼 수 있는 세일링 클럽(p.118)

Day 2

09:00 **일일 투어**(p.84)
푸꾸옥 곳곳을 둘러보며 탐험해 보자. 후추 농장이나 꿀벌 농장 등 소소한 볼거리를 둘러보는 게 다이지만 중간중간 밀림을 걷기도 하고, 한적한 해변에서 수영하기도 하며 여유로운 시간을 보낼 수도 있다.

12:00 **점심 식사**
일일 투어 시 점심 식사를 별도로 주문하면, 꽤 괜찮은 퀄리티의 식사를 할 수 있다.

15:30 **귀가 후 휴식**

19:00 **푸꾸옥 야시장**(p.82)
야시장의 규모는 크지 않지만, 푸꾸옥에서 살 만한 거의 모든 것이 이곳에 있다. 흥겨움이 넘치는 야시장을 둘러본 뒤 신선한 해산물도 즐기자.

Day 3

09:00 **빈펄 사파리**(p.90)

빈원더스와 사파리를 하루에 둘러볼 수 있는 콤보 티켓을 구입해 하루를 빈원더스에 투자하자! 아침 일찍 도착해 더워지기 전에 사파리를 둘러보고, 각종 공연도 챙기자.

12:00 **빈원더스 내에서 점심 식사**

13:00 **빈원더스**(p.86)

빈원더스의 놀이기구는 크게 무서운 것이 없어서 오히려 가족 모두가 함께 즐기기 좋다. 놀이기구가 많지 않으므로 적당히 둘러보다가 워터파크에서 물놀이를 하며 나머지 시간을 즐겨보자.

18:00 **그랜드 월드 & 저녁 식사**(p.89)

그랜드 월드로 이동해 저녁 식사를 한다. 야경이 예쁜 그랜드 월드 곳곳을 돌아보고 분수쇼도 즐긴다.

Day 4

09:00 **리조트 즐기기**

좋은 숙소라면 좋은 숙소대로, 저가형 숙소라면 저가형 숙소대로 나름의 멋이 있다. 체크아웃하기 전, 숙소의 모든 것을 누리겠다는 마음으로 뒹굴거리자!

11:00 **숙소 체크아웃 후 점심 식사**

리조트 인근에서 식사

15:30 **푸꾸옥 출발**

푸꾸옥–인천 비엣젯항공편 기준

3박 4일 모험가의 액티비티 여행

색다른 것을 원하는 모험가에게는 더할 나위없는 곳이 바로 이곳, 푸꾸옥이다. 오토바이나 자전거를 빌려 섬 곳곳의 이름 모를 해변을 찾아 떠나보자! 나만의 '진짜 푸꾸옥'을 만날 수 있는 귀중한 시간이 될 것이다. 단, 언제 어디서나 안전이 제일 중요하다는 점은 명심할 것!

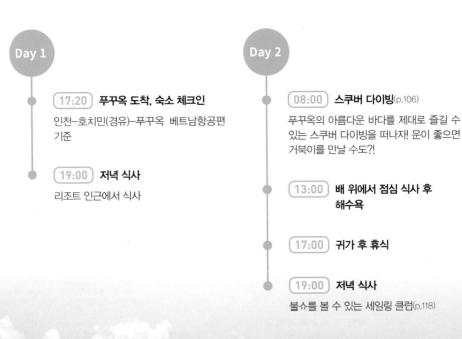

Day 1

17:20 **푸꾸옥 도착, 숙소 체크인**
인천-호치민(경유)-푸꾸옥 베트남항공편 기준

19:00 **저녁 식사**
리조트 인근에서 식사

Day 2

08:00 **스쿠버 다이빙**(p.106)
푸꾸옥의 아름다운 바다를 제대로 즐길 수 있는 스쿠버 다이빙을 떠나자! 운이 좋으면 거북이를 만날 수도?!

13:00 **배 위에서 점심 식사 후 해수욕**

17:00 **귀가 후 휴식**

19:00 **저녁 식사**
불쇼를 볼 수 있는 세일링 클럽(p.118)

Day 3

09:00 바이크 투어

오토바이를 빌려 푸꾸옥 북쪽 곳곳에 숨어 있는 작은 마을들과 해변들을 둘러보자.

12:00 점심 식사

작벰 어촌 마을의 레스토랑(p.94)

13:00 해수욕 즐기기

푸꾸옥의 어디에서나 해수욕을 즐길 수 있으니 수영복은 늘 챙겨야 한다. 마음에 드는 해변을 만났다면, 망설이지 말고 바다에 풍덩 빠져보자!

18:00 푸꾸옥 야시장(p.82)

야시장의 규모는 크지 않지만, 푸꾸옥에서 살 만한 거의 모든 것이 이곳에 있다. 흥겨움이 넘치는 야시장을 둘러본 뒤 신선한 해산물도 즐기자.

Day 4

09:00 숙소 체크아웃 후 빈펄 사파리(p.90)

빈원더스와 사파리를 하루에 둘러볼 수 있는 콤보 티켓을 구입해 하루를 빈원더스에 투자하자! 아침 일찍 도착해 더워지기 전에 사파리를 둘러보고, 각종 공연도 챙기자.

12:00 빈원더스 내에서 점심 식사

13:00 빈원더스(p.86)

빈원더스의 놀이기구는 크게 스릴 넘치는 것이 없고 가짓수도 많지 않으므로 적당히 둘러보다가 워터파크에서 물놀이를 하며 나머지 시간을 즐겨보자. 워터파크에 관심이 없다면, 유럽 거리를 재현한 그랜드 월드(p.89)로 가자. 식당, 카페, 마사지 숍 등 취향대로 즐길 수 있다.

19:35 푸꾸옥 출발

푸꾸옥-호치민(경유)-인천 베트남항공편 기준

푸꾸옥

N

건저우 곶
건저우 해변
자이 해변
빈펄 리조트 & 스파
빈원더스 푸꾸옥
혼도이모이섬
(터틀 아일랜드)

직벰 해변
직벰 어촌 마을
건저우 트레일 입구

H 빈펄 원더월드
H 쉐라톤 푸꾸옥 롱비치 리조트
빈멕 병원
빈펄 사파리
그랜드 월드 푸꾸옥

R 마담 타오
R 분꾸어이 끼엔 써이
H 빈홀리데이 피에스타

푸꾸옥 국립공원

R 붕바우 리조트 레스토랑
H 붕바우 리조트

붕바우 해변

H 그린베이 리조트
R 옹랑 비치 바

옹랑 해변

R 마이조 레스토랑
H 카미아 리조트 & 스파
망고베이 리조트
온 더 록스 레스토랑 R

M 로투스
스파

꿀벌 농장

혼몽따이섬
(핑거네일 아일랜드)

A 플리퍼 다이빙 클럽

H 더 셸 리조트 & 스파

S K+

분꾸어이 끼엔 써이 R
S 부이 마트
R 분꾸어이 끼엔 써이

조엉동 마을(p.77)

후추 농장

H 엠 빌리지
반쎄오 꾸어이 3 R R 고디바 호텔
베르사유 머드 스파 M R 아이리스 카페
진주 농장 S H 에덴 리조트
롱 비치(쯔엉 해변)

함닌 부두

푸꾸옥 국제 공항

바이봉 선착장

쏼 바이 벨리아

S 소나시 야시장
R 나항센

무엉탄 럭셔리 호텔 H
노보텔 H 소나시 쇼핑 거리
세일링 클럽 A
H 인터컨티넨탈 리조트

호국사

담 해변

칶보디아
Cambodia

호치민

붕따우

푸꾸옥

베트남
Vietnam

N 파라디소 레스토랑
S 사오 해변
R 하이랜드 커피
푸꾸옥 감옥
겜 해변
껨토따이껨 R N
H 뉴월드 리조트
선 월드 해상 케이블카 탑승장 H JW 메리어트
선셋 타운
R 반쎄오 꾸어이2
안터이 항
프리미어 빌리지 리조트
옹도이 곶

안터이 군도
선 월드 혼텀(9km)
혼텀섬 해변 레스토랑(9km) R

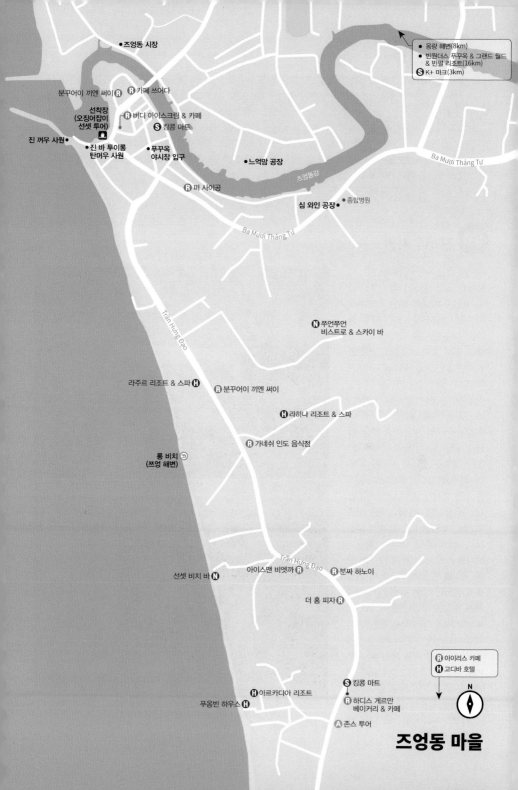

● 즈엉동 시장

● 옹랑 해변(8km)
● 빈원더스 푸꾸옥 & 그랜드 월드
  & 빈펄 리조트(16km)
S K+ 마크(3km)

분꾸어이 끼엔 써이 R   R 카페 쓰어다

선착장
(오징어잡이   R 버디 아이스크림 & 카페
선셋 투어)
진 꺼우 사원 ●   S 킹콩 마트

진 바 투이롱   ● 푸꾸옥
탄머우 사원   야시장 입구   ● 느억맘 공장   Ba Mười Tháng Tư

                  R 퍼 사이공   즈엉동강

                        심 와인 공장 ● ● 종합병원

                  Ba Mười Tháng Tư

Trần Hưng Đạo

                  N 쭈언쭈언
                    비스트로 & 스카이 바

라주르 리조트 & 스파 H   R 분꾸어이 끼엔 써이

                  H 라하나 리조트 & 스파

                  R 가네쉬 인도 음식점

롱 비치 ㉑
(쯔엉 해변)

                              Trần Hưng Đạo
선셋 비치 바 N   아이스맨 비엣까 R   R 분짜 하노이

                        더 홈 피자 R

                        R 아이리스 카페
                        H 고디바 호텔

                        S 킹콩 마트   N

이르카디아 리조트 ●   R 하디스 게르만   N
푸옹빈 하우스 H   베이커리 & 카페

                  A 존스 투어

                  즈엉동 마을

중서부 Midwest

길고 긴 롱 비치 북쪽에 자리하고 있는 즈엉동은 원래 작은 어촌 마을이었으나 푸꾸옥 관광업의 발달에 따라 점점 더 많은 호텔과 레스토랑, 여행사가 생겨났다. 야시장에서부터 롱 비치를 따라 남쪽으로 뻗은 흥다오 도로(Trần Hưng Đạo, 쩐 흥다오)에는 리조트와 저렴한 숙소가 밀집되어 있는데, 저녁이 되면 푸꾸옥의 여유를 즐기는 많은 배낭여행자가 해변과 해산물 레스토랑, 선셋 바 사이를 오간다. 롱 비치 남쪽은 고급스러운 5성급 리조트가 하나 둘 자리를 차지하기 시작했는데, 주변의 인프라는 부족한 편이지만 가성비좋은 고급 리조트를 즐길 수 있다. 국제공항에서 가깝고 여행자들이 가장 많이 모여 있는 지역으로 전체적으로 여유로운 분위기의 푸꾸옥에서 가장 흥이 넘치는 곳이다.

★★☆

GPS 10.217240, 103.956419

진 꺼우 사원 Dinh Cậu Shrine

야시장 인근 해안의 우뚝 솟은 거북바위 위에 등대와 함께 자리한이 사원은 **바다의 여신 티엔허우** Thiên Hậu를 모시는 사원이다. 정확한 설립 연도는 확인되지 않았으나 일부 학자의 주장에 의하면 1937년에 인근에 거주하던 어부가 지었다고 한다. 고기잡이를 떠나는 어부들이 주로 안전을 기원하는 곳으로 어부들은 출항하기 전이나 휴일에 이곳을 방문하여 향을 올린다. 매달 음력 1일과 15일에 안전한 항해를 기원하는 제를 지내며 매년 음력 10월 15일과 16일에는 사원 축제가 열린다. 29개의 돌계단을 오르면 등대와 직은 사원이 있는, 바다를 향한 비교적 넓은 테라스에 이른다. 즈엉동 항구와 바다를 조망하기 좋으므로 야시장을 둘러보기 전에 이곳에서 일몰을 감상하는 것을 추천한다. 저녁에는 수많은 푸꾸옥 현지민과 베트남의 다른 지역에서 온 관광객이 모여드는데, 일반적으로 이곳에 들러 여신에게 예를 표한 후 사원아래 공터에 열리는 노점에서 저녁 식사를 하며 하루를 마무리한다. 사원을 오르는 돌계단은 비좁고 때로는 미끄러우므로 오를 때주의하도록 하자.

주소 Mũi Dinh Cậu, Bạch Đằng, Dương Đông, Phú Quốc
위치 야시장에서 도보 5분 거리
운영 07:00~20:30   요금 무료

롱 비치 Long Beach | Bãi Trường ◀)) 바이 쯔엉

원래 이름은 쯔엉 해변Bãi Trường이지만 보통 롱 비치라고 부른다. 야시장과 여행사, 음식점이 밀집한 즈엉동 마을에서부터 시작하는 롱 비치는 이름처럼 푸꾸옥 남서쪽 전체에 약 20km 가량 길게 펼쳐져 있어 수많은 호텔의 보금자리이자 오래전부터 명실공히 푸꾸옥을 대표해 온 해변이다. 길고 긴 해변을 따라 크고 작은 호텔과 해수욕하기 좋은 선베드, 선셋을 감상하기 좋은 바가 늘어서 있고, 이른 아침부터 해가 질 때까지 많은 여행자들이 오가며 해수욕을 즐긴다. 비록 하얀 모래 해변은 아니지만, 건기에는 파랗고 투명한 바다와 길고 긴 모래사장 덕분에 낭만적인 분위기를 한껏 느낄 수 있다.

위치 푸꾸옥 남서쪽, 푸꾸옥 공항에서
서쪽 5km 지점

롱 비치는 북쪽과 남쪽으로 구분된다. 즈엉동에서 시작하는 **북쪽 해변**은 수많은 저가 호텔과 레스토랑, 바와 펍, 여행사로 북적거린다. 특히 흥다오 거리 118번지(Hẻm 118 Trần Hưng Đạo) 구역인 존스 투어Jonh's Tour 여행사 맞은편 골목에는 수많은 숙소와 저가 레스토랑 및 선셋 바가 밀집되어 있어서 저렴한 숙소를 찾거나 차량 대절이 어려운 경우(택시비가 아까운 경우!) 이곳을 중심으로 숙소를 구하는 것이 좋다. 비교적 늦은 시간까지도 사람들이 붐비는 지역이므로 마음 편하게 돌아다닐 수 있는 것도 장점이다.

롱 비치 **남쪽 해변**은 바이 쯔엉 관광지구Bai Trung Tourist Complex로, 넓고 한적한 해변을 따라 최신 시설의 5성급 럭셔리 리조트들이 들어서고 있다. 리조트 주변으로는 핫한 해변 클럽과 진주 쇼핑몰, 여행자용 고급 빌라와 럭셔리한 레스토랑들이 하나둘 자리를 잡고 있는데 아직 이곳저곳에서 공사를 진행 중인 터라 어수선한 편이지만, 점점 더 여행에 편리한 모습을 갖춰가고 있다. 한적하고 넓은 프라이빗 해변에 자리한 최신 리조트들을 저렴한 가격으로 즐길 수 있는 것이 이곳의 장점이며, 즈엉동 마을에서도 크게 멀지 않아서 교통비 부담이 적다.

진 바 투이롱 탄머우 사원 Dinh Bà Thủy Long Thánh Mẫu Shrine

캄보디아 왕족이었던 **투이롱 탄머우 여인**을 기리는 사원으로, 이곳 사람들은 그녀를 성모, 혹은 껌자오Kim Giao 여신이라고 부른다. 전설에 따르면 여인은 캄보디아 왕족이었으나 반란으로 몸을 피해 푸꾸옥으로 오게 되었다. 그리고 넓은 목초지를 조성해 캄보디아에서 데려온 여러 마리의 소를 키우며 이 지역을 풍요롭게 만들었다고 한다. 여인이 정착했던 푸꾸옥 북쪽 끄어깐Cửa Cạn 지역에는 아직도 농경지나 호수 곳곳에 옛 흔적이 남아 있다. 여인이 사망하자, 캄보디아의 왕이 유해를 캄보디아로 가져갔다고 한다. 푸꾸옥에는 개척자이자 성모인 투이롱 여인을 기리는 두 곳의 사원이 있는데 그중 하나가 이곳이며, 이곳에서 매달 음력 15일에 제를 지낸다.

주소 Bạch Đằng, Dương Đông, Phú Quốc
위치 진 꺼우 사원 아래 해변
운영 08:00~19:00
요금 무료

---

more & more **푸꾸옥에 왜 캄보디아 여인이?! 푸꾸옥에 대해 좀 더 알고 싶어요!**

푸꾸옥에는 어떤 사람들이 살까?
캄보디아 왕족이었으나 푸꾸옥으로 건너왔다는 투이롱 탄머우 여인의 전설처럼, 푸꾸옥에는 옛부터 중국인과 캄보디아인이 거주해 왔다. 풍요로운 국가라는 뜻의 '푸꾸옥'이라는 섬 이름 역시 '부국'이라는 중국어에서 유래했다. 베트남인은 응우옌 왕조 이후 유입되기 시작해 현재는 96% 이상을 차지하고 있다.

○ 베트남계 킨족Kinh 96.3%
○ 중국계 호아족Hoa 2.4%
○ 캄보디아계 크메르족Kmer 1.3%

푸꾸옥에서 만날 수 있는 동물들
푸꾸옥에는 멸종위기에 있는 동식물을 포함해 43종의 포유류와 119종의 조류, 47종의 파충류, 14종의 양서류, 125종의 어류, 132종의 연체동물, 62종의 해조류를 찾아볼 수 있다. '바다의 여인'이라고 불리는 멸종위기 동물인 듀공이 서식하는 곳이기도 하다. 시기에 따라 돌고래, 고래상어도 관찰할 수 있다.

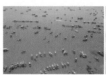

옹랑 해변 Bãi Ong Lang ◀)) 바이 옹랑

야시장을 지나 북쪽으로 향하면 번잡한 즈엉동과는 달
리 개발이 거의 되지 않아 원시적인 아름다움이 매력
적인 옹랑 해변에 닿을 수 있다. 자연 속에서 푹 빠져
지내고 싶은 배낭여행자들은 번잡한 롱 비치보다 오히
려 이곳을 더 선호한다. 해변에 드문드문 리조트와 식
당이 자리하고 있을 뿐이라 산책하기엔 좋지 않지만
사람들이 접근하기 힘든 해변에 소박하게 자리한 선베
드에 누워 있자면 아무도 닿을 수 없는 나만의 은신처
가 생긴 기분이 들기도 한다. 북쪽으로 연결된 주 도로
는 포장되어 있으나, 조금만 해변 쪽으로 들어가도 비
포장도로가 구불구불하게 연결되어 있어 경우에 따라
숙소나 해변을 찾아가는 것이 쉽지 않을 수도 있다. 특
히 비가 온 뒤에는 주요 구간을 제외하고는 울퉁불퉁
한 도로 곳곳에 웅덩이가 생겨 오토바이나 자전거의
이용이 어렵다. 망고베이 리조트 일대에 식당과 마사
지 숍, 바, 해변 레스토랑이 주로 자리하고 있어서 좀
더 편리하게 지낼 수 있다.

위치　야시장에서 북쪽 10km, 서쪽 해변

★☆☆　　　　　　　　　　　　　　　　　　　　　　GPS 10.300992, 103.883192

붕바우 해변 Bãi Vũng Bầu ◀)) 바이 붕바우

옹랑 해변과 함께 또 다른 파라다이스로 알려졌던 붕바우 해변에는 일반
여행자들을 위한 작은 아지트가 남아 있다. **붕바우 리조트**Vung Bau Resort
는 콘크리트 빌딩에 기본적인 시설을 갖춘 저렴한 해변 숙소이지만, 해변
만을 즐기고 싶은 외부인에게 좋은 레스토랑과 선베드를 제공한다. 세련
되지는 않아도 아기자기하게 꾸며놓은 레스토랑에서 저렴하게 식사와 음
료를 즐길 수 있고 선베드도 무료로 이용할 수 있으니 방문해 보자! 해변
의 다른 곳은 대부분 개발되지 않았고, 외부인이 접근하지 못하도록 막아
놓았다.

위치　야시장에서 북쪽 20km,
　　　서쪽 해변

푸꾸옥 야시장 Chợ Đêm Phú Quốc ◀)) 쪼 뎀 푸꿕

푸꾸옥 시장, 혹은 즈엉동에 있어 즈엉동 야시장이라고 불린다. 현지인들을 위한 시장이라기보다는 관광객들을 위한 시장이라고 볼 수 있지만 다양한 볼거리와 먹을거리가 있어 쏠쏠한 재미를 준다. 시장에는 푸꾸옥 특산물인 후추나 느억맘(액젓), 진주에서부터 요란한 소리를 내며 비벼주는 과일 아이스크림, 여러 가지 맛으로 튀긴 땅콩 등 다양한 먹거리를 찾아볼 수 있다. 야시장의 한쪽에서는 신선한 해산물을 가득 쌓아놓고 여행자들을 유혹하는데, 가격이 정해져 있지만 어느 정도 흥정이 가능하다는 점을 기억하자. 소소한 기념품을 사기 좋은 마트도 있고, 일일 투어에서 들르는 가게보다 푸꾸옥 특산물이 더 저렴할 때가 많기 때문에 이곳에서 마음에 드는 물건을 한꺼번에 쇼핑하는 것도 좋다.

주소 Bạch Đằng, Dương Đông, Phú Quốc
위치 롱 비치 북쪽 끝
운영 17:00~24:00

Tip | 공항 남쪽에도 야시장이?

노보텔 리조트 앞에 즈엉동 야시장의 미니 버전인 소나시 야시장 Sonasea Night Market과 쇼핑 거리가 있다. 살 거리, 먹거리, 볼거리가 제한돼 있지만, 그 일대에 머문다면 방문해 볼 만하다.

철판 위에서 뚝딱 만들어지는 시원한 아이스크림

베트남식 부침개 반쎄오~

즈엉동 시장 Chợ Dương Đông ◀)) 쪼 즈엉동

여행자들이 북적거리는 야시장에서 다리를 건너면 길을 따라서 다양한 야채와 해산물을 파는 즈엉동 시장이 시작된다. 여행자들이 점령한 즈엉동에서 벗어나 푸꾸옥 현지 사람들의 생활모습을 느낄 수 있는 곳이다. 주로 현지인들을 위한 시장인 만큼 위생 상태는 좋지 않을 수도 있지만 푸꾸옥의 다양한 먹거리와 소소한 생필품들을 구경하고, 저녁거리를 사러 나온 사람들과 정겨운 시간을 보낼 수 있다. 여행자를 위한 기념품은 찾아보기 힘들지만 야시장보다 저렴하게 과일을 구입할 수 있다.

주소   21 Trần Phú, TT. Dương Đông, Phú Quốc
위치   야시장 북쪽 1km 지점, 도보 15분
운영   05:00~19:00

---

more & more   **TV 속 관광지 루트 : 〈배틀 트립〉 98회 송경아 & 송해나 편**

아직 푸꾸옥에서의 일정을 정하지 못했다면 TV 프로그램이 엄선한 대로 쏙쏙 골라 다니는 건 어떨까? 여행 짐을 꾸리게 만들었던 영상 속 풍경이 바로 내 눈앞에 펼쳐지는 경험을 할 수 있을 것이다! 아래 루트는 이 책에 소개된 관광지만 소개했다.

빈펄 사파리(p.90) ▶ 롱 비치(p.79) ▶ 베르사유 머드 스파(p.107) ▶ 푸꾸옥 야시장(p.82)

축구장 530개 크기, 세계에서 두 번째로 큰 사파리 탐험!   바다 위 그네에서 인생 사진 남기기   하루의 피로를 녹여주는 시간!   푸꾸옥의 잠들지 않는 밤을 즐겨보자.

푸꾸옥을 하루만에 정복?! **일일 투어**

푸꾸옥의 넓은 지역 곳곳에 자리하고 있는 다양한 볼거리를 효과적으로 둘러볼 수 있는 일일 투어는 푸꾸옥 여행자들에게 인기 있는 여행 상품 중 하나이다. 일일 투어 프로그램을 이용하면 차량을 직접 대절해서 돌아다니는 것보다 저렴하고, 낯선 곳에서 만난 여행자들과 함께여서 더 즐겁게 하루를 보낼 수 있다. 해양스포츠를 제외한 일일 투어는 후추 농장이나 꿀 농장, 느억맘 농장 등과 함께 몇몇 해변을 둘러보는 코스인데 보통 북쪽을 중심으로 한 투어와 남쪽을 중심으로 한 투어로 나뉜다. 푸꾸옥의 볼거리는 한정적이라서 여러 여행사에서 비슷한 코스의 프로그램을 운영하고 있으므로, 각 프로그램에 대한 안내를 듣고 내가 원하는 코스를 골라보자. 투어는 보통 8시간 정도 소요된다.

투어는 모두 쇼핑몰을 들르지만 투어 도중에 물품을 구입하지 않더라도, 야시장에서 대부분 구입할 수 있으며 그 편이 가격도 저렴하다. 가이드 역시 특별히 물품을 강매하지 않으므로 부담 없이 구경해도 좋다. 개별적으로 따진다면 후추 농장이나 와인 공장 등은 일부러 찾아갈 명소까지는 아니지만, 푸꾸옥을 한 바퀴 둘러보는 데 의의가 있다.

❶ 진주 농장 Pearl Farm

남쪽 투어에서 거의 반드시 들르는 진주 쇼핑몰로, 간단하게 진주 채취 시연을 해준다. 여러 곳의 쇼핑몰 중에 한 곳을 가게 되는데 설명 내용은 대동소이하다. 깊은 빛깔의 흑진주가 가장 가치 있게 평가된다.

❷ 심 와인 공장 Sim Wine Factory

푸꾸옥 특산물인 심을 키우는 농장이자 와인 공장
으로, 심 열매로 만든 와인을 판매한다. 농장에서는
직접 열매를 수확해 볼 수도 있다.

❸ 후추 농장 Pepper Farm

붉은 토양에 길쭉하게 자란 후추나무들이 일렬로
서 있는 농장으로, 후추로 만든 다양한 특산물을 판
매한다. 후추나무 밭을 거닐고, 쌉쌀한 생 후추를
맛보는 이색 경험을 해보자!

❹ 꿀벌 농장 Bee Farm

벌통에서 꿀을 채취하는 시연을 하고, 달콤한 생 꿀
도 맛보게 해준다. 꿀이 들어간 음료를 마시며 당을
보충해 보자.

❺ 느억맘 공장 Fish Sauce Factory

푸꾸옥의 명물인 생선 젓갈을 제조하는 곳으로 젓
갈을 발효시키는 커다란 통이 여러 개 놓여 있다.
젓갈을 구입해 한국까지 가져올 생각이라면 새지
않도록 용기를 신중하게 골라야 한다.

❻ 오징어잡이 배 선셋 투어 Squid Fishing Boat Tour

야시장과 진 꺼우 사원 인근의 선착장에서 수많은
배들이 일몰 무렵 시작하는 오징어잡이 투어를 떠
난다. 인근의 바다에서 일몰을 감상한 뒤 오징어 낚
시를 즐기고, 저녁 식사를 한 다음 돌아오는 코스이
다. 사실 오징어는 잡기 어렵지만 잠깐 바다로 나가
배 위에서 일몰을 감상하는 것이 이 투어의 주된
목적이다. 투어는 여행사에서 신청하거나 선착장에
서 직접 예약할 수 있다.

위치　야시장 인근 선착장
운영　17:00~21:00　　　요금　픽업, 식사 포함 1인 15$

북서부 Northwest

푸꾸옥의 북서부는 말 그대로 '빈원더스'이다. 이 지역에는 각종 리조트와 놀이동산, 사파리, 이탈리아의 베니스를 재현한 그랜드 월드가 존재한다. 분위기도 비슷해서 자칫 지루한 풍광으로 느껴질 수도 있지만, 길고 긴 자이 해변은 인적이 드물어 한적하고 오히려 푸꾸옥 본연의 아름다움을 느낄 수 있다. 빈원더스 구역을 지나면 푸꾸옥 지역 본토인의 삶을 느낄 수 있는 건저우 마을과 캄보디아 섬이 보이는 건저우 해변이 자리하고 있다.

GPS 10.326388, 103.889635

★★☆
빈원더스 푸꾸옥 VinWonders Phú Quốc

나트랑의 복합 놀이동산인 빈원더스로 사업을 성장시킨 빈 그룹이 푸꾸옥에도 빈원더스를 개장했다. 나트랑의 빈원더스보다 전체적인 규모는 작지만, 하루를 알차게 보내기에 부족함이 없는 알찬 구성이다. 빈원더스와 워터파크 외에도 옆에는 국립공원에 자리한 대규모의 사파리가 있어서 더 다양한 체험을 할 수 있다는 것이 빈원더스 푸꾸옥의 특징이다. 으리으리한 볼거리가 있는 것은 아니지만, 아기자기한 놀이기구와 오락시설, 워터파크와 아쿠아리움 등의 시설을 입장료를 지불한 후에는 무제한으로 즐길 수 있으며, 이용객이 많지 않아서 지루하게 기다리는 시간 없이 신나게 돌아다닐 수 있는 것도 많은 가족 여행객들이 이곳을 찾는 이유가 된다. 음악 분수 쇼와, 성을 배경으로 한 야간 3D 맵핑 쇼(원스 쇼)도 놓치지 말자.

주소 Gành Dầu, Phú Quốc
위치 공항에서 북쪽 33km
운영 09:00~19:00
요금 **빈원더스** 95만 동, 키 1~1.4m 어린이 71만 동
콤보(빈원더스+사파리 당일 이용) 135만 동,
키 1~1.4m 어린이 100만 동, 키 1m 미만 어린이 무료
전화 1900-6677(내선 연결 2번)
홈피 vinwonders.com/ko/vinwonders-phu-quoc
메일 we-care@vinwonders.com

Tip │ 무료 셔틀 빈버스 VinBus

빈 그룹은 인터컨티넨탈 리조트, 공항, 바이붕 선착장에서 즈엉동 시내를 거쳐 그랜드 월드까지 무료 셔틀버스 17, 19, 20번을 운행하고 있다. 누구나 탑승 가능하기 때문에 일반 시내버스나 택시 대신 이용하는 사람들도 많다. 정류장과 운행시간 등 모든 정보는 빈버스 VinBus 앱에서 확인 가능하다. 그랜드 월드와 빈원더스, 빈펄 사파리, 빈펄 리조트들 간 셔틀버스 정보도 같은 앱을 이용하면 된다.

▶▶ 주요 공연 시간표 & 세부 지도
*공연 종류 및 시간은 변동이 잦아 방문 전 홈피 확인 필수

물고기 먹이 주기 쇼(피딩 쇼Feeding Show)	15:00(15분간)
인어 쇼(머메이드 쇼Mermaid Show)	11:00, 14:00(각 10분간)
와일드 댄스 쇼Wild Dance Show	16:30(5분간)
음악분수(뮤직 워터 파운틴 쇼Musical Water Fountain shows)	11:30, 14:00, 17:30(각 10분간)
원스 쇼Once Show ★추천	18:30(20분간)
워터파크Water Park	09:00~18:00

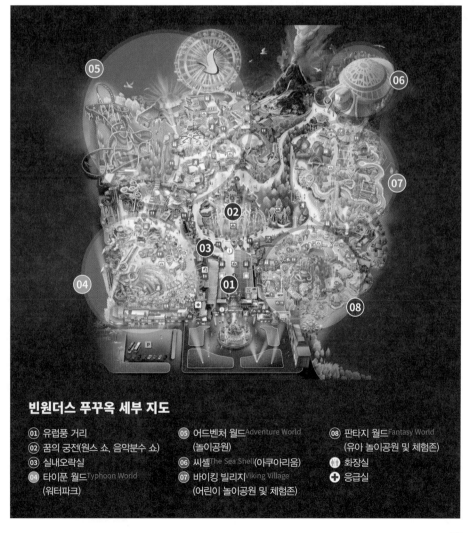

빈원더스 푸꾸옥 세부 지도

- ① 유럽풍 거리
- ② 꿈의 궁전(원스 쇼, 음악분수 쇼)
- ③ 실내오락실
- ④ 타이푼 월드Typhoon World (워터파크)
- ⑤ 어드벤처 월드Adventure World (놀이공원)
- ⑥ 씨셸The Sea Shell(아쿠아리움)
- ⑦ 바이킹 빌리지Viking Village (어린이 놀이공원 및 체험존)
- ⑧ 판타지 월드Fantasy World (유아 놀이공원 및 체험존)
- 🚻 화장실
- ➕ 응급실

놀이동산Amusement Park

빈원더스의 명성에 비하면 다소 작은 규모라서 실망하기 쉽지만, 한적한 부지 곳곳에 설치된 아기자기한 놀이기구를 기다림 없이 이용할 수 있어 한나절을 신나게 보내기에는 부족함이 없다. 성인용 롤러코스터와 후룸라이드, 관람차 등은 어드벤처 월드 내 위치해 있다. 바이킹 빌리지와 판타지 월드는 유아 및 어린이용 놀이동산이라 할 수 있다. 대부분의 놀이기구는 인원이 많지 않더라도 바로 이용할 수 있지만 일부 기구는 사람이 다 타기를 기다려야 할 수 있다. 놀이기구 중에 운행시간이 정해져 있는 경우가 있으므로 꼭 타고 싶은 것은 운행시간을 미리 체크해 놓자.

워터파크Water Park

워터파크는 아이들과 함께 즐길 수 있는 **파도풀**Wave Pool과 워터파크 주변을 게으르게 떠다닐 수 있는 **유수풀**Hina Tuan Enchanted River 및 몇 개의 슬라이더로 이루어져 있다. 워터파크 입구에 위치한 탈의실 앞에서 사물함(이용료 5만 동), 타월(이용료 5만 동, 보증금 15만 동)을 대여할 수 있다. 샤워실은 비좁으므로 그냥 옷만 갈아입겠다고 생각하는 게 마음 편하다. 서양 이용객들은 주로 비키니를 입는 편이지만, 대부분의 베트남이나 중국 이용객은 몸을 살짝 가리는 편이므로 신경 쓰인다면 수영복 위에 걸칠 것을 준비하자. 규모가 작은 편이며, 선베드(유료)도 많지 않으므로 입장 시 선베드부터 확보하는 것이 좋다.

아쿠아리움Aquarium

인어 쇼와 상어 및 물고기 먹이주기 쇼를 진행하는 아쿠아리움 역시 빈원더스 푸꾸옥의 또 하나의 볼거리이다. 세련되지는 않으나 우리나라에서는 보기 힘든 다양한 어종을 볼 수 있다. 하지만, 작은 규모인데다가 쇼가 아주 볼 만하지는 않다.

오락실Game Room

빈원더스의 또 다른 특징은 다양한 오락게임을 무료로 즐길 수 있다는 것이다. 다만 우리나라의 화려하고 다양한 게임과 비교하면 안 된다. 연인 혹은 아이들과 신나게 오락하며 추억에 빠져보자! 의외로 즐거운 추억이 될 것이다.

레스토랑Restaurants

간단한 음식을 파는 부스가 있다. 패스트푸드를 판매하는 롯데리아는 한국 브랜드라 괜히 반갑고, 입맛에도 잘 맞는다.

★★★

그랜드 월드 푸꾸옥 Grand World Phú Quốc

빈원더스 남쪽에 위치한 테마파크형 복합 문화공간이다. 이탈리아 베니스에서 영감을 받아 운하가 있는 유럽 거리를 조성하고, 각종 상점 및 카페, 레스토랑, 호텔 등은 물론 박물관, 현대예술 공원, 공연장까지 갖춰 다양한 볼거리, 먹거리, 즐길 거리들을 제공한다. 낮에는 베트남 전통문화를 알리는 거리 공연들이 펼쳐지고, 밤에는 첨단 장비를 동원한 화려한 분수 쇼가 방문객들을 사로잡는다. 야간 조명이 화려하고 늦은 시간까지 17번 빈버스가 운행하여, 뜨거운 한낮보다 해 질 녘 이후 방문하는 것을 추천한다.

주소 QT 01_14, Đường Hội Hè, Bãi Dài, Gành Dầu, Phú Quốc
위치 공항에서 북쪽 32km, 빈원더스에서 남쪽 1.5km
운영 24시간
요금 무료
베트남의 정수(쇼) 30만 동
곤돌라 20만 동
테디베어 박물관 20만 동
홈피 vinwonders.com/ko/grand-world-phu-quoc

---

more & more 그랜드 월드 푸꾸옥의 구석구석을 소개합니다

사랑의 호수 Lake of Love
400m 길이의 운하를 조성하고 강변에는 베니스 풍의 건축물들을 세웠다. 베니스처럼 곤돌라를 타고 운하를 돌아볼 수도 있다. 야간에는 분수 쇼가 열린다.

대나무의 전설 Bamboo Legend
베트남 남부 내륙 떠이닌 지역에서 3만 2천 그루의 대나무를 가져와 세운, 베트남에서 가장 큰 대나무 건축물로 유명하다.

현대예술 공원 Contemporary Art Urban Park
500㎡의 면적에 55개의 조각품들을 전시한 예술 공원이다. 사진 찍기 좋은 스폿으로, 조명 밝힌 저녁에도 가볼 만하다.

테디베어 박물관 Teddy Bear Museum
테디베어를 테마로 한 박물관. 정작 전시품보다 유아용 놀이 공간이나 테디베어 카페를 방문할 목적으로 찾는 사람들이 간혹 있다.

베트남의 정수 Quintessence of Vietnam
무료인 분수 쇼와 달리 유료로 진행되는 베트남 전통 쇼로 '딘화 쇼'라고도 불린다. 3D 맵핑 기술을 적용해 관람료가 아깝지 않다.

★★★

빈펄 사파리 Vinpearl Safari & Conservation Park

GPS 10.337209, 103.891326

국제 기준에 따라 지어진 베트남 최초의 야외 동물원답게 380ha의 넓은 지역에 150여 종의 동물과 1,200여 종의 식물이 살고 있다.

동물원은 사파리와 일반 동물원 구역으로 나뉘는데, 사파리를 둘러볼 수 있는 차량은 보통 15분 이상 대기해야 하지만 그 외의 지역은 특별히 붐비는 일이 없어 여유롭게 둘러볼 수 있다. 동물원이 꽤 넓고 그늘이 부족하기 때문에 입구에서 햇볕을 차단할 수 있는 우산을 대여하거나, 혹은 일반 동물원을 둘러볼 수 있는 전동차를 빌리는 것도 고려해 보자. 동물원에는 기린과 코끼리에게 먹이 주기 프로그램을 비롯해, 동물과 교감할 수 있는 다양한 프로그램이 있으니 시간표를 미리 확인하자. **조류관**에서는 사람이 접근해도 겁 없이 다가오는 새들을 볼 수 있다. 하지만 새에게 지나치게 가까이 다가가거나 눈을 마주할 경우 예상치 못한 공격을 받을 수 있으므로 아이들에게 반드시 주의시켜야 한다. 동물원 내를 돌아다니는 원숭이 무리가 있는데 가까이 다가가거나 자극하지 않도록 주의하자. 동물원 한쪽에서는 시간에 맞춰 관객과 소통하는 방식의 흥미진진한 **동물 쇼**가 펼쳐진다. 더위에 약하거나 밤 시간대를 알차게 보내고 싶은 사람이라면, 나이트 사파리Night Safari에 주목해 보자. 동물원과 사파리 모두를 충분히 둘러보는 데에는 3시간 정도 소요된다.

주소 Gành Dầu, Phú Quốc
위치 빈펄 리조트 인근
운영 09:00~16:00(나이트 사파리
　　 월·금~일 19:40~21:30)
요금 **사파리** 65만 동,
　　 키 1~1.4m 어린이 50만 동
　　 콤보(빈원더스+사파리
　　 당일 이용) 135만 동,
　　 키 1~1.4m 어린이 100만 동,
　　 키 1m 미만 어린이 무료
　　 유모차 대여 5만 동, **우산 대여**
　　 2만 동, **노약자 휠체어 대여** 무료,
　　 전동차 이용 1시간 150만 동(7인),
　　 코끼리 먹이 주기 3만 동,
　　 기린 먹이 주기 3만 동
전화 0297-3636-699, 093-1022-929
홈피 vinwonders.com/ko/vin-
　　 pearl-safari-phu-quoc
메일 we-care@vinwonders.com

기린과 교감울!

동물 쇼Animal Show	10:00~10:30(매일), 14:00~14:30
줄루 쇼Zulu Show	09:20, 11:20, 15:30(30분간)
사파리 투어 버스	09:00~16:00(마지막 차량 출발 시간 15:20)

빈펄 사파리 세부 지도

- Ⓟ 주차장
- ⓘ 고객센터
- 🏬 쇼핑 거리
- 🎫 매표소
- 🔒 사물함

- 🚌 버스 정류장
- 📷 포토 스팟
- ✗ 레스토랑
- 🎭 동물 쇼 공연장
- 🚻 화장실

- ✚ 응급실
- ▬ 동물원 워킹 트레일
- ▬ 사파리 버스 코스

자이 해변 Bãi Dài ◀)) 바이 자이

★☆☆

푸꾸옥 북서쪽의 길고 긴 자이 해변은 사방을 빈펄 리조트가 차지하고 있고 외부인이 이용하기 힘든 구조라 인위적이라는 느낌이 들 수도 있다. 하지만 끝없이 넓은 해변에 리조트 건물 외에 다른 레스토랑이나 시설물은 찾아보기 힘들어 오히려 더 원시적인 감동이 느껴지는 곳이다. 빈펄 리조트 이용자라면 한적한 이곳에서 펼쳐지는 장엄한 일몰을 놓치지 말자. 빈펄 리조트에서 관리하고 있는 구역은 안전요원이 상주하고 있어 좀 더 안전하게 해수욕을 즐길 수 있다.

위치 빈펄 리조트 근처

건저우 곶 Mũi Gành Dầu ◀)) 무이 건저우

★☆☆

빈펄 리조트가 즐비한 자이 해변을 지나 푸꾸옥 서쪽 끝에는 건저우 곶이 자리하고 있다. 이곳에는 작은 어촌 마을이 자리하고 있는데, 빈펄 리조트의 급성장과 함께 점점 더 규모가 커지고 있다. 푸꾸옥 사람들의 일상을 느낄 수 있는 곳으로, 큰 볼거리가 있는 건 아니지만 소소한 물건을 파는 작은 시장과 오래된 사원인 딘 응우옌 쯩쭉 사원Đinh Nguyễn Trung Trực 등을 둘러볼 수 있다. 건저우 곶에 자리한 건저우 해변은 해수욕에 적합한 곳은 아니지만 캄보디아에 속한 섬을 볼 수 있어서, 많은 베트남 현지 여행자가 이곳의 레스토랑에서 풍광을 즐기며 시간을 보내곤 한다. 바닷속에는 몇 개의 산호섬이 있어서 보트를 대절하거나 여행사의 투어 프로그램을 통해 스노클링을 즐길 수 있다.

주소 Mũi Gành Dầu, Gành Dầu, Phú Quốc
위치 푸꾸옥 서북쪽 끝, 건저우 마을

맑은 날에는 캄보디아가 보인다!

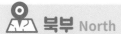
북부 North

푸꾸옥 국립공원이 위치하고 있는 섬의 북부는 다른 지역에 비해 개발이 더딘 상태이다. 북서쪽 해안 지역의 빈펄 리조트 및 빈원더스, 빈펄 사파리를 거치는 도로를 제외하면 대부분의 지역은 이제야 도로를 건설하고 있을 정도인데 오히려 이런 매력에 빠진 여행자들이 직접, 혹은 차량을 대절해서 북부의 해안과 어촌 마을을 탐험하거나 바다 위의 허름한 수상 레스토랑에서 해산물을 즐기기 위해 온다. 때때로 황폐한 느낌이 들지만, 덕분에 국립공원 인근의 울창한 밀림이 더 신비하게 느껴진다.

★★☆　　　　　　　　　　　　　　　　　　　　GPS 10.331619, 104.030468
푸꾸옥 국립공원 Phu Quoc National Park

위치 푸꾸옥 중북부

푸꾸옥 섬의 50% 이상을 덮고 있는 국립공원은 멸종위기의 동물을 포함한 수많은 동식물의 서식지로, 섬 곳곳의 개발 붐에도 불구하고 여전히 수백 년 된 나무들로 이루어진 빽빽한 정글로 남아 있다. 트레킹 코스도 개발되고 있지만 아직 대중화되어 있진 않다. 일반 관광객이 가장 쉽게 국립공원의 분위기를 느낄 수 있는 방법은 북부 해변 중간에 위치한 **작뱀 어촌 마을**에 방문하는 것이다. 즈엉동에서 작뱀 어촌 마을까지 가는 여정의 중간까지는 어느 정도 넓은 도로가 뚫려 있으나 그 이후로는 울창한 나무 사이를 지나게 되는데, 정글을 탐험하는 기분을 느낄 수 있으면서도 여러 갈래의 길이 나 있는 것은 아니어서 헤맬 염려가 적다. 하지만 주변에 건물이나 시설물이 없으므로 혼자서 이곳을 방문하는 것은 위험하다. 반드시 다른 사람과 동행하고, 불가능하다면 휴대전화나 여분의 기름 등 만반의 준비를 해야 한다. 정글 안으로 들어가면 쉽게 길을 잃기 때문에 가이드 없이 개인적으로는 절대 들어가지 말자. 건저우 곶과 작뱀 어촌 마을 중간에는 비교적 쉬운 트레킹 코스인 **건저우 트레일** Gành Dầu trail 의 시작 지점이 있는데, 이 근처에서 백 년 이상 된 커다란 나무와 희귀한 식물을 볼 수 있다. 흥미롭다면 각 여행사의 일일 투어 중에서 이 구간을 둘러보는 코스를 신청하자.

★☆☆ 작벰 어촌 마을 Làng chài Rạch Vẹm 🔊 랑짜이 작벰

해변에 즐비한 수상 가옥을 볼 수 있는 어촌 마을로, 플로팅 빌리지Floating village라고도 부른다. 이곳의 사람들은 여전히 해변 위에 얼기설기 엮은 수상 가옥에서 살고 있어 관광업이 발달하기 전 푸꾸옥 사람들의 생활상을 엿볼 수 있다. 마을의 규모는 작지만 해변으로 길게 뻗은 나무다리 끝에 몇 개의 수상 레스토랑이 자리하고 있다. 매우 저렴하게 해산물 요리를 맛볼 수 있어서 많은 관광객이 이곳을 찾는다. 레스토랑에서는 보통 살아 있는 해산물을 눈으로 보고 직접 고를 수 있다. 바다 위에 드문드문서 있는 수상 가옥 사이에서 시원한 바닷바람을 즐기며 신선한 해산물 요리를 즐겨보자.

위치 푸꾸옥 중북부 해변

★☆☆ 작벰 해변 Bãi Rạch Vẹm 🔊 바이 작벰

작벰 어촌 마을과 멀지 않은 곳에 작은 해상 레스토랑 몇 개가 자리한 작벰 해변이 있다. 불가사리가 눈에 많이 띄어서 스타피시 해변Starfish Beach 이라고도 부른다. 허름한 해산물 레스토랑 외에 특별한 볼거리가 없고, 인근의 쓰레기가 몰려오는 탓에 아주 깨끗하지도 않지만 원시적인 풍광 덕분에 정글을 지나는 여정에서 알음알음으로 찾아오는 여행자가 많다. 해변에 살아 움직이는 불가사리들을 구경하거나, 대충 옷을 갈아입고 해수욕을 한 뒤, 해상 레스토랑에 설치된 해먹에서 먹고 뒹굴며 하루를 보내는 것이 이곳에서의 일과다.

위치 푸꾸옥 중북부

불가사리 친구들~

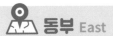 **동부** East

푸꾸옥 관광 인프라는 즈엉동 마을을 중심으로 서쪽에 주로 밀집되어 있는 만큼 동부 역시 일부 리조트와 선착장을 제외하면 여전히 미개발 상태이다. 도로가 제대로 연결되어 있지 않은 경우도 있으므로 오토바이나 스쿠터 등을 이용해 이곳을 방문한다면 미리 지도를 잘 확인하자. 사람들이 많이 방문하는 사오 해변은 찾아가는 데 별 무리가 없으나 그 외에는 리조트 개발 때문에 진입로가 막혀 있는 경우가 간혹 발생한다. 동북부의 한적한 리조트는 아직 비포장도로로 연결된 경우가 많으므로 늦은 시간에 푸꾸옥에 도착한다면 첫날은 굳이 이곳까지 가지 않는 것이 좋다. 동남부 역시 개발이 더딘 것은 마찬가지지만, 뉴월드, JW 메리어트, 프리미어 빌리지 등의 최고급 리조트들이 들어서 있어 프라이빗 해변에서 조용히 휴식을 취하려는 여행객들이 주목하기 시작했다.

★★☆
GPS 10.035408, 104.030452

 껨 해변 Bãi Khem ◀)) 바이 껨

푸꾸옥의 화이트 비치, 즉 흰 모래 해변은 크게 두 군데가 있다. 하나는 사오 해변이고, 다른 하나는 바로 이 껨 해변이다. 껨 해변은 복잡한 사오 해변과 달리 한적한 풍광 덕분에 현지인들에게 인기 있는 해변이었으나 현재는 뉴월드와 JW 메리어트 리조트의 프라이빗 해변처럼 관리되고 있다. 사오 해변과 달리 외부인의 접근이 많지 않은 만큼 두 리조트의 숙박객은 더 없이 아름답고 여유로운 분위기의 백색 모래사장을 통째로 차지하는 호사를 누릴 수 있는 셈이다. 한적하고 여유로운 바다를 거닐기 원한다면 하루쯤 이곳에 머물며 껨 해변을 마음껏 즐겨보자!

위치 푸꾸옥 동부, 뉴월드와 JW 메리어트 리조트 내

📷 사오 해변 Bãi Sao 🔊 바이 사오
★★☆

순백의 모래사장과 파란 바다. 야자수 아래 자리한 선베드. 누구나 한 번쯤 꿈꾸던 바로 그 해변이 푸꾸옥에 있다. 사오 해변은 푸꾸옥에서 가장 유명한 흰 모래 해변이며, 여행자들이 주로 머무는 즈엉동에서 가장 멀리 떨어진 동쪽에 자리하고 있어 인근에 호텔은 거의 없다. 하지만 해변 입구를 들어서면 수많은 간이 레스토랑과 노점으로 발 디딜 틈이 없을 정도다. 수많은 유료 선베드가 늘어서 있어 한적한 해변을 꿈꿨다면 실망스러울 수 있지만 부드러운 흰 모래와 눈부시게 파란 바다를 보러 이곳까지 올 가치는 분명히 있다. 일단 사진은 무조건 잘 나온다! 해변 중심부의 혼잡함이 싫다면 해변 북쪽 끝의 **파라디소 레스토랑**(p.117)이나 남쪽 끝의 하일랜드 커피Highlands Coffee 부근으로 가자. 푸꾸옥에서 가장 유명한 해변인 만큼 전반적으로 높은 물가는 어쩔 수 없다.

주소 Bãi Sao, An Thoi, Phú Quốc
위치 푸꾸옥 동부 해변, 푸꾸옥 감옥
　　 북쪽 4km 지점

---

more & more '인생샷'을 건지고 싶다면?

사오 해변에 왔다면 놓치지 말아야 할 것이 있다. 바로 해변에 설치된 그네에 앉아서 사진 찍기! 파란 바다와 하늘, 하얀 모래사장을 배경으로, 여유롭고 로맨틱한 모습을 한껏 연출할 수 있다. 적어도 인생샷 한 장 정도는 남기게 될 것! 이 이국적인 풍경에 반해 푸꾸옥을 찾았다는 사람도 있을 정도. 커다란 야자나무를 활용한 1인 그네부터 친구, 연인과 함께할 수 있는 나무 그네까지, 취향에 따라 선택해 보자. 해변 그네는 롱 비치, 혼텀 섬 등에도 설치되어 있으며 유료(2만 동)인 경우도 있으나 돈이 아깝지 않을 것이다.

#1인용 #여유롭고 분위기 있게~

#2인용 #친구들과 즐겁게~

푸꾸옥 감옥 Di Tích Nhà Tù Phú Quốc ◄» 지띡냐뚜 푸꾁

코코넛 수용소 Coconut Tree Prison라고도 불리는 푸꾸옥 감옥은 원래 프랑스 식민지 시절 건설된 것으로, 이후 베트남 전쟁 당시 베트남 공산군을 수용할 목적으로 현재의 규모로 확대 재건되었다. 베트남 남부에서 가장 큰 규모로, 한 번에 3만 2천 명을 수용할 수 있는데 때때로 4만 명까지도 이곳에 수감되었다고 한다. 수용소는 수용 공간 12구역과 3곳의 감시탑으로 지어졌으며, 1972년에 새로 13, 14구역이 추가되었다. 각각의 공간은 수많은 쇠 철망과 조명 시스템이 갖춰져 있었으며 육지와 바다에서 철저한 감시가 이루어졌다. 식민 지배와 제국주의의 잔인성을 증명하는 수많은 고문이 이루어졌으며, 이를 증명하는 영상이나 문서 외에 다양한 고문을 재현한 모형이 곳곳에 자리하고 있다. 전쟁의 아픔과 잔혹성을 다시 한 번 깨닫게 하지만, 아이들에게는 지나치게 자극적인 면이 있다. 현재 박물관으로 사용되는 이곳은 작은 실내 전시공간과 감옥이 위치한 야외 공간으로 나뉘는데, 그늘이 거의 없으므로 낮에는 빛을 가릴 양산을 반드시 준비하자.

주소 350 Nguyễn Văn Cừ, An Thới, Phú Quốc
위치 사오 해변과 껨 해변 중간 지점
운영 08:30~11:30, 13:30~17:00
요금 무료
전화 0282-2600-009

Tip | 왜 코코넛 수용소일까?

푸꾸옥 감옥이 '코코넛 수용소'라고도 불리는 이유는, 포로들이 식사로 제공되는 코코넛의 껍질로 탈출을 위한 땅굴을 파기 때문이라고 한다. 포로들은 눈을 가린 채로 이송되었기 때문에 푸꾸옥이 섬이라는 사실을 알지 못했다. 그들은 희망을 잃지 않고 계속해서 탈출을 시도했지만 대부분 다시 잡혀 들어올 수밖에 없었고, 미군은 감옥 입구의 작은 철조망 상자에 붙잡힌 포로들을 가두는 악행을 저질렀다고 한다. 푸꾸옥 감옥에는 지금도 포로들이 만든 땅굴이 남아 있다.

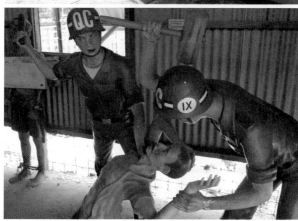

호국사 Chùa Hộ Quốc ◀) 쭈아 호꿕

푸꾸옥에서 가장 큰 불교사원으로, 2012년 12월 14일에 완공되었으며, 총 110ha의 넓은 지역 곳곳에는 아직도 크고 작은 공사가 진행되고 있다. 시원하게 바다를 조망할 수 있는 언덕 위에 자리하고 있으며, 입구를 들어서면 커다란 옥 불상과 18개의 돌조각으로 장식된 용 다리, 사원 꼭대기의 거대한 종탑 등 아름다운 불교 예술품을 볼 수 있다. 푸꾸옥에서 가장 아름다운 일출을 감상할 수 있는 곳이기도 하다. 베트남의 설날Tet에는 수많은 현지민이 이곳을 방문한다. 호국사로 향하는 도로 옆에는 인적이 드물어서 더 아름다운 담 해변Bãi Dăm이 자리하고 있다.

주소 Dương Tơ, Phú Quốc
위치 푸꾸옥 동쪽 해변, 사오 해변 북쪽
운영 일출~일몰
요금 무료

푸꾸옥에서 가장 큰 불교사원!

함닌 부두 Bến tàu Hàm Ninh ◀) 벤 떠우 함닌

푸꾸옥 동쪽에 자리한 어촌 마을인 함닌 마을에는 긴 콘크리트로 만들어진 부두가 자리하고 있다. 원래 작은 배들이 오가는 통로였던 이곳은, 지금은 수많은 수상 레스토랑이 모인 명소로 탈바꿈했다. 신선하고도 푸짐한 해산물을 시원한 바다가 보이는 수상 레스토랑에서 바로 즐길 수 있다. 가격도 저렴하지만 무엇보다도 흔들거리는 레스토랑에서 해산물을 맛보는 독특한 분위기 덕분에 많은 관광객이 이곳을 찾는다. 부두 위 수상 레스토랑 외에도 인근에 수많은 해산물 레스토랑이 있으므로 저렴한 곳을 원한다면 그쪽을 이용하는 것도 좋다.

위치 푸꾸옥 동쪽, 함닌 마을

 **남부** South

스노클링과 스쿠버 다이빙을 위해 주로 찾는 남부에는 비교적 번화한 안터이 마을이 자리하고 있다. 안터이 마을에는 묵는 여행객이 거의 없고, 여행사 등의 인프라도 갖춰지지 않아 개별적으로 여행하기는 불편하지만 일일 투어 등으로 현지 사람들의 생활상을 잠시나마 느낄 수 있는 곳이다. 선 월드 혼텀으로 가는 해상 케이블카 위에서 내려다보는 바다도 아름답다. 안터이 군도의 여러 섬은 제각각 다른 매력을 지니고 있으므로 배를 대절해서 여유롭게 둘러보면 가장 좋지만, 여의치 않다면 여러 섬들을 탐험하는 여행사의 호핑 투어를 통해 꼭 한번 경험해 보자.

★☆☆   GPS 10.015348, 104.014617

📷 **안터이 항** Cảng An Thới 🔊) 깡 안터이

푸꾸옥섬에서 즈엉동 마을에 이어 두 번째 규모로 번화한 안터이 마을이 푸꾸옥 남쪽 안터이 항을 중심으로 형성되어 있다. 안터이 항은 최근 푸꾸옥의 발전을 뒷받침하기 위해 국제항으로 새로 개항했으나 아직까지 이곳을 이용하는 국제 선박은 없고 베트남 육지 방면으로 향하는 페리나 스노클링 및 스쿠버 다이빙을 위해 안터이 군도로 향하는 선박이 주로 정박한다. 대부분의 여행객은 안터이 군도의 여러 섬들을 둘러보는 호핑 투어나 스쿠버 다이빙, 그리고 육지와 혼텀섬을 잇는 해상 케이블카 이용을 위해 이곳을 찾는다. 인프라가 제한적이라서 개인적으로 이곳을 여행하기란 쉽지 않지만 현지인들의 삶을 그대로 느낄 수 있는 시장이나 항구 등이 흥미롭다.

주소   Tổ 4, khu phố 1, Phú Quốc
위치   푸꾸옥 남쪽 끝

안터이 군도 Quần đảo An Thời ◀)) 꾸언 다오 안터이

푸꾸옥 남쪽 끝에 위치한 안터이 마을 인근 해상에 자리한 15개의 섬은 안터이 군도로, 푸꾸옥 해상 국립공원에 속한다. 유네스코가 지정한 생물권 보존지역인 이 섬들에는 아름다운 해변이 자리하고 있고, 산호 군락이 형성되어 있어 많은 여행자가 스노클링이나 스쿠버 다이빙을 하기 위해 방문한다. 최근 급격하게 오염되고 있는 것이 안타깝지만, 안터이 군도 곳곳에 자리한 작은 섬들은 아직까지 아름다운 해변을 간직하고 있다. 안터이 군도의 여러 섬과 바다를 둘러보는 호핑 투어는 푸꾸옥의 아름다운 바다를 만끽할 수 있는 가장 좋은 방법이다.

위치 푸꾸옥섬 남쪽 끝, 안터이 항에서 배로 접근

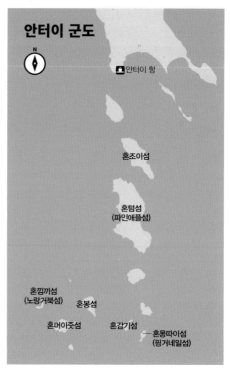

안터이 군도

안터이 항
혼조이섬
혼텀섬
(파인애플섬)
혼낌끼섬
(노랑거북섬)
혼봉섬
혼머이줏섬
혼감기섬
혼몽따이섬
(핑거네일섬)

---

more & more 안터이 군도의 아름다운 섬들

혼텀섬Hon Thom
파인애플섬Pineapple Island이라고도 부르는 이 섬은 안터이 군도에서 가장 큰 섬으로 4천 명이 거주하고 있다. 다낭의 바나힐 테마파크를 세운 선 월드가 해상 케이블카를 설치하고 워터파크와 인공해변을 조성해 관광객의 주목을 받고 있다.

혼몽따이섬Hon Mong Tay
손톱을 닮아 핑거네일섬Fingernail Island이라고도 불리는 이 섬의 해변은 베트남에서 가장 아름다운 해변 중 하나로 손꼽힌다.

혼감기섬Hon Gam Gh
곧 리조트가 들어설 예정이며, 백사장이 아름다운 해변이 자리하고 있다.

혼머이줏섬Hon May Rut
바다거북, 바다장어 등을 볼 수 있는 산호섬으로 스노클링과 프리 다이빙에 좋다. 해변에 작은 레스토랑과 해먹이 있어서 해수욕하기도 좋으므로 여행자들에게 인기가 있다.

혼봉섬Hon Vong
아름다운 해변이 자리한 섬으로 서핑 포인트이기도 하다.

혼낌끼섬Hon Kim Quy
노랑거북섬Yellow Tortoise Island이라고도 불리는 곳으로 프리 다이빙과 스노클링에 좋다.

혼조이섬Hon Roi
오징어 낚시에 좋은 포인트로 유명하다.

★★☆
선셋 타운 Thị trấn Hoàng Hôn 🔊 티 쩐 호앙 혼

다낭의 바나힐 선 월드 테마파크를 운영 중인 선 그룹이 푸꾸옥 본섬과 혼텀섬을 잇는 해상 케이블카 탑승장을 세운 후 그 일대에 조성한 유럽풍 마을이다. 푸꾸옥 서부 해안은 본래 일몰로 유명하지만, 이곳의 전망은 특히 아름답다. 노란빛이 점차 주홍색으로 바뀌다 붉은색이 바다의 푸른빛까지 삼켜버리는 마법이 펼쳐지는 것. 이러한 장관을 한눈에 담을 수 있는 이 선셋 타운은 이탈리아의 어느 작은 마을에 온 듯한 모습이다. 파스텔톤 외벽이나 창틀, 붉은 지붕까지 모든 건물 외관은 물론, 가로수, 조각상, 조경수 등 거리 구석구석이 온통 이탈리아의 해안 마을을 꼭 닮았다. 대다수 건물은 레지던스 및 호텔로 사용 중이며 카페, 레스토랑, 스파 등이 들어서 있다. 야간에는 화려한 멀티미디어 조명 쇼와 불꽃놀이까지 즐길 수 있는 〈바다의 키스Kiss Of The Sea〉 공연(유료)과 야시장이 하이라이트다.

주소 An Thới, Phú Quốc
위치 푸꾸옥 남서부 안터이 마을 인근. 즈엉동 혹은 껨 해변 일대 리조트와 선셋 타운 간 무료 셔틀버스가 운행 중이다. 운행 시간 및 탑승장은 변동이 잦기 때문에, 선 월드 혼텀 홈페이지를 참고하거나 리조트 프론트데스크에 문의한다.
운영 24시간
요금 무료
홈피 honthom.sunworld.vn

선 월드 혼텀 Cáp treo Hòn Thơm Phú Quốc ◀)) 깝 쩨오 혼텀 푸꿕

7899.9m로 세계에서 가장 긴 3선 해상 케이블카를 타고 본섬의 안터이 마을에서 혼 로이, 혼 두어 섬 위를 날아 혼텀섬까지 가는 15분의 짜릿한 경험! 안터이 군도는 베트남에서 보기 힘든 에메랄드빛 바다로 유명한데, 케이블카를 타면 이 멋진 전망을 한눈에 담을 수 있다. 혼텀섬은 베트남의 선 그룹이 테마파크로 개발해, 푸꾸옥 남부 지역의 가장 큰 볼거리 겸 즐길거리가 되었다. 북부의 빈원더스와 달리 '물놀이'에 초점을 맞추다 보니 워터파크가 가장 크고 소규모의 놀이공원과 해변이 있는 정도. 하지만 빈원더스보다 저렴한 입장료(케이블카 탑승 포함)에 사람도 더 적어 기다림 없이 모든 놀이기구를 이용할 수 있다는 큰 장점이 있다.

주소 Bãi Đất Đỏ, Phú Quốc
위치 안터이 마을 인근, 푸꾸옥 남쪽
운영 08:00~17:30
요금 성인 80만 동, 1.4m 이하 어린이 55만 동, 1m 이하 어린이 무료
전화 0886-045-888
홈피 honthom.sunworld.vn
메일 honthomnaturepark@sunworld.vn

케이블카 운영시간 08:00~12:00, 13:30~17:30(12:00~13:30 휴식)

▶▶ 아쿠아토피아 Aquatopia

파도풀과 유수풀, 16종의 일반 및 튜브 슬라이드, 서핑 체험 등을 즐길 수 있다. 선베드 무료. 락커 및 타월은 유료 대여 가능. 아쿠아슈즈 필수.

▶▶ 엑조티카 Exotica

롤러코스터와 번지드롭, 움직이는 전망대, 이렇게 단 3가지만 있다.

▶▶ 선 월드 해변 Sunworld Beach

프라이빗 해변으로 빽빽한 야자수에 푸른 잔디가 깔려 있고 해먹까지 놓여 있다. 물도 맑고 경치도 아름다우며 수상 스포츠(유료)를 즐길 수 있다.

푸꾸옥의 **로맨틱한 선셋 즐기기**

길고 긴 푸꾸옥에서는 선셋 타운을 비롯해 서쪽 해안 어디에서나 아름다운 일몰을 감상할 수 있다. 날씨와 기온에 따라 달라지는 일몰은 매일 봐도 지겹지 않을 정도! 푸꾸옥의 장엄한 일몰을 감상하기 좋은 선셋 포인트를 소개한다.

❶ 진 꺼우 사원 Dinh Câu Shrine(p.78)

거북이 바위 위에 솟은 사원은 바다를 향한 시원한 전망 덕분에 선셋을 감상하기 좋은 의외의 포인트!

위치 야시장 인근

❷ 오징어잡이 배 선셋 투어
Squid Fishing Boat Tour(p.85)

바다 위에서 일몰을 즐기고 싶다면 선착장에서 출발하는 오징어 낚시 선셋 투어를 이용해 보자.

위치 야시장 인근

❸ 쭈언쭈언 비스트로 & 스카이 바
Chuon Chuon Bistro & Sky Bar(p.117)

높은 언덕 위에서 분위기 있게 선셋을 즐길 수 있는 스카이 바로, 즈엉동 인근까지 조망할 수 있다.

위치 즈엉동 마을

❹ 온 더 록스 레스토랑
On The Rocks Restaurant(p.112)

자연친화적인 콘셉트 덕분에 더 로맨틱한 레스토랑으로, 수준급의 음식과 함께 일몰을 즐길 수 있다.

위치 옹랑 해변

❺ 선셋 비치 바 Sunset Beach Bar(p.118)

전문적인 디제잉, 좋은 음악과 숙련된 바텐더, 괜찮은 음식까지 모든 것을 갖춘 보기 드문 해변 바. 물론 일몰 감상에도 최적이다.

위치 롱 비치

뒹굴뒹굴 푸꾸옥의 해변으로 **해수욕하러 가자~**

푸꾸옥은 섬이기 때문에 사방이 바다로 둘러싸여 있지만, 크고 작은 해변 중에서 해수욕에 적당한 해변은 많지 않다. 야시장 인근의 긴 롱 비치나 백사장이 아름다운 사오 해변을 푸꾸옥의 대표 해변으로 손꼽을 수 있다. 이 외에도 해수욕에 좋은 해변을 소개한다.

☐ 롱 비치 Long Beach

여행자의 중심인 즈엉동 마을 인근부터
푸꾸옥 남쪽까지 뻗은 길고 긴 해변으로
명실공히 푸꾸옥을 대표하는 중심 해변이다.
베트남어로는 쯔엉 해변Bãi Trường이다.

☐ 옹랑 해변 Bãi Ong Lang | 바이 옹랑

개발이 거의 되지 않아 원시적인
풍광이 아름다운 곳으로, 배낭여행자들의
숨은 아지트와 더불어 몇몇 럭셔리한 리조트가
자리하고 있다.

☐ 붕바우 해변 Bãi Vũng Bàu | 바이 붕바우

배낭여행자들의 파라다이스로 알려졌던
붕바우 해변은 현재 5성급 리조트가
차지하고 있지만, 여행자들을 위한
작은 아지트가 아직 남아 있으니 체크!

☐ 자이 해변 Bãi Dài | 바이 자이

빈펄 리조트의 아지트. 럭셔리한 리조트와
원시적인 해변의 조화가 묘한 아름다움을
불러일으킨다.

나에게 딱 맞는 아지트는 어디?
끌리는 바다에 **체크**✓ 해 두고
이곳만은 꼭 가자!

☐ **건저우 해변** Bãi Gành Dầu | 바이 껀저우

북서쪽 끝부분에 위치한 해변으로,
맑은 날에는 캄보디아가 보인다.
베트남 전쟁 당시 수많은 베트남인이 캄보디아로
건너가기 위해 이곳을 찾았다고 한다.

☐ **작벰 해변** Bãi Rạch Vẹm | 바이 작벰

긴 정글을 지나면 그림같이 등장하는
해변으로, 모래사장에 모여 있는
불가사리들 덕분에 스타피시 해변Starfish Beach
이라고도 불린다.

☐ **사오 해변** Bãi Sao | 바이 사오

하얀 모래사장과 파란 바다.
누구나 한번쯤 꿈꾸는 아름다운 해변이다.
사오Sao는 베트남어로 '별'이라는 뜻이다.

☐ **껨 해변** Bãi Khem | 바이 껨

JW 메리어트 리조트의 프라이빗
해변처럼 이용되는 하얀 모래 해변.
고급 리조트의 관리 덕분에 더 럭셔리하고
아름다운 해변을 즐길 수 있다.

스노클링 & 스쿠버 다이빙 Snorkeling & Scuba diving

푸꾸옥과 인근의 28개 섬 곳곳은 스노클링과 프리 다이빙, 스쿠버 다이빙의 명소로 점점 더 각광받고 있다. 스노클링이나 스쿠버 다이빙에 좋은 시기는 10월부터 4월 사이인 건기로, 바닷속이 잔잔하고 시야가 좋아서 안전하게 즐길 수 있다. 그러나 푸꾸옥 북쪽에서는 일 년 내내 스쿠버 다이빙이 가능하다. 푸꾸옥은 여러 섬을 돌며 해수욕과 스노클링을 즐기는 호핑 투어로 유명하며, 안터이 군도 인근 섬들의 다양한 풍광과 얕은 곳에 서식하는 산호 군락 덕분에 특히 만족스러운 스노클링을 즐길 수 있다. 푸꾸옥의 스쿠버 다이빙은 국제적인 수준은 아니라고 평가받고 있는데, 무분별한 생선 남획과 어업 선박에서 흘러나오는 기름으로 인한 오염, 인근의 섬과 육지에서 밀려나온 쓰레기 등이 그 원인이다. 그러나 푸꾸옥 인근의 다이빙 포인트는 대부분 매우 얕고 상어 등 위험한 동물이 서식하지 않아서 스쿠버 다이빙 입문자이거나 펀다이빙을 즐기려고 한다면, 좋은 다이빙 장소가 될 수 있다.

스노클링과 스쿠버 다이빙 포인트는 섬의 북쪽과 남쪽으로 나뉜다. 섬의 북쪽으로는 붕바우 해변 인근 **혼몽따이섬**(Hon Mong Tay)(핑거네일 아일랜드 Fingernail Island)과 자이 해변의 **혼도이모이섬**(Hon Doi Moi)(터틀 아일랜드 Turtle Island), 섬의 남쪽으로는 **안터이 군도**가 유명하다. 전반적으로 얕은 바다와 넓은 산호 군락으로 스노클링하기에 좋은 환경이다.

스쿠버 다이빙은 즈엉동 인근에 공인된 자격증을 갖춘 숍들을 통해 할 수 있으며, 스노클링은 섬 여러 곳을 둘러보는 호핑 투어 업체를 통해 즐길 수 있다. 각 리조트에서 여행사와 연계한 상품을 신청하거나 즈엉동의 여행사에 직접 문의하자.

플리퍼 다이빙 클럽
(Flipper Diving Club)
주소 Búng Gội, Cửa Dương, Phú Quốc
전화 0939-402-872
홈피 www.flipperdiving.com
GPS 10.265418, 103.959304

존스 투어(John's Tour)
주소 143 Trần Hưng Đạo, Dương Tơ, Phú Quốc
전화 0974-990-999
홈피 phuquoctrip.com/en
GPS 10.194344, 103.967487

로투스 스파 Lotus Spa

푸꾸옥의 다른 로컬 마사지 숍과 비교하면 훨씬 전문적인 시설과 체계를 갖춘 스파 숍으로, 작지만 깨끗하고 밝은 분위기이다. 스텝들이 유창하게 영어를 구사하지는 않지만 친절하게 안내하고, 무엇보다 수준 높은 마사지 서비스를 받을 수 있다. 물론 리조트 내 고급 전문 스파 숍의 고급스러움을 기대해서는 안 된다. 적당한 규모의 숍이지만, 크게 붐비지는 않으므로 여유로운 분위기에서 마사지가 진행된다. 무료 픽드랍 서비스 제공.

주소 Lot 4, Ông Lang, Phú Quốc
위치 옹랑 해변 골목
운영 금~수 09:00~22:00,
목 09:00~21:00
요금 베트남 전통마사지(60분) 46만 동,
발마사지(30분) 19만 동
전화 098-8992-001
홈피 lotusspaphuquoc.com

베르사유 머드 스파 Versailles Mud Bath Spa

베트남 나트랑의 명물, 머드 스파가 푸꾸옥에도 오픈했다. 아쉽게도 나트랑의 화려한 시설과는 비교할 수는 없을 정도로 작은 규모이지만, 팀당 개별적으로 머드 스파를 할 수 있고, 사우나 시설과 수영장, 해변 선베드도 갖추어 놓았다. 머드 스파가 어떤 것인지 궁금하다면 한번쯤 친구들이나 가족들과 이용해 보는 것이 좋겠지만 수영장과 선베드가 있는 해변 리조트에 묵는다면 머드 스파 외의 시설들을 특별히 이용할 이유는 없다. 단, 푸꾸옥에서 제대로 된 마사지 숍을 찾지 못한 사람이라면 마사지 서비스는 이용해도 좋다. 어느 정도 기복은 있겠지만, 숙련된 마사지사가 많은 편이다. 마사지를 이용하려면 예약해야 한다. 5명 이상 방문할 경우 머드 스파를 가장 저렴하게 이용할 수 있고 오전 시간에는 할인하기도 하니, 미리 전화로 문의해 보고 이용하자.

주소 Trần Hưng Đạo, Tổ 2 Ấp Cửa Lấp, Xã Dương Tơ,
Phu Quoc
위치 즈엉동, 두짓 프린세스 리조트 인근
운영 08:00~22:00
요금 **머드 스파(60분)** 1인 45만~56만 동(전체 인원에 따라),
어린이 21만 동 **베트남 전통마사지(60분)** 55만 동
전화 0797-566-886
홈피 versaillesspa.vn

Tip | 푸꾸옥 마사지 숍 상황

팬데믹 이후 한국인이 몰려들면서 푸꾸옥의 마사지 숍도 변화를 겪기 시작했다. 섬이라는 특성상 베트남의 다른 지역에 비해 고급스러운 시설은 부족하고 가격은 더 비싼 편. 하지만 한국인을 공략하기 위한 일정 수준 이상의 스킬과 위생, 서비스(무료 픽드랍 등)를 갖추기 시작했다. 대체로 한국인 숍보다 로컬 숍이 가성비가 좋다. 숍 선택은 구글맵 한국인 리뷰를 기준으로 하자.

분꾸어이 끼엔 써이 Bún quậy KIẾN - XÂY

푸꾸옥에서만 맛볼 수 있는 특별 요리 중 하나인 분꾸어이. '꾸어이quậy'는 베트남어로 '젓다'라는 뜻인데, 분꾸어이를 먹기 위해서는 손님이 직접 고추, 라임, 설탕, 소금, MSG 등의 재료를 '섞은' 특제 소스를 만들어야 하기 때문이다. 뽀얀 해산물 육수에 쌀국수, 오징어, 어묵, 새우완자, 소고기 등이 들어가며, 직접 만든 소스는 '찍먹'과 '부먹' 중 선택하면 된다. 푸꾸옥에는 분꾸어이 전문점이 많지만, 그중에서도 가장 유명한 곳은 푸꾸옥 분꾸어이를 탄생시킨 이 집, 끼엔써이이다. 푸꾸옥에만 5개의 매장이 있는데, 본점은 진 꺼우 사원 근처에 있는 박당 지점이다. 로컬 감성을 느끼려면 본점으로, 깔끔함을 우선시한다면 즈엉동이나 그랜드 월드 지점으로 가면 된다. 이곳은 사탕수수 주스도 맛있기로 유명하니 놓치지 말자. 특제 소스를 만들기가 어려울 경우 직원이 직접 만들어 준다.

본점

주소	28 Đường Bạch Đằng, Ph. Dương Đông, Phú Quốc (기타 지점은 지도 참고)
위치	즈엉동 야시장에서 300m
운영	07:00~23:00
요금	분꾸어이 10만 동~

추천

분짜 하노이 Bún Chả Hà Nội

쫀득한 발효국수 분Bún과 숯불에
구운 돼지고기, 갖은 종류의 채소
를 달달 상큼한 육수에 살짝 담가
먹는 분짜는 베트남 북부, 하노이
지방 특유의 쌀국수이지만 세계적
으로 인기 있는 음식인 덕분에 이
곳 푸꾸옥에서도 맛볼 수 있다. 혹
자는 하노이보다 맛있는 분짜라고
평가하니 기회가 되면 꼭 한 번 들
러보자. 에어컨도 없고 오픈형 가
게인 점은 여느 국숫집과 크게 다
르지 않지만 전체적으로 상당히
넓고 깨끗하다.

주소　121 Trần Hưng Đạo,
　　　Dương Đông, Phú Quốc
위치　존스 투어에서 북쪽 700m
운영　06:00~20:30
요금　**분짜** 보통 4만 동, 특대 5만 동
전화　096-2123-679

더 홈 피자 The Home Pizza

베트남 음식, 로컬 분위기가 지루할 때쯤 찾아가기 좋
은 피자 전문점이다. 푸꾸옥에서 보기 힘든 세련된 인
테리어에 유니폼 입은 직원들이 서빙을 해 고급스러
운 분위기다. 피자는 주문과 함께 화덕에서 구워주는
데, 클래식한 피자들은 물론 오리, 성게, 청어, 고수, 두
리안 등을 토핑으로 한 스페셜 피자도 있으며, 모든
피자는 반반 주문이 가능하다. 이곳에서는 호치민의
수제맥주 맛집으로 유명한 파스퇴르 스트리트 브루
잉의 생맥주도 맛볼 수 있다. 낮에는 한산하지만 주말
밤에는 웨이팅이 있을 정도도. 실내 에어컨은 있지만
잘 가동하지 않아 밤에는 야외석이 더 나을 수 있다.

주소　128 Đường Trần Hưng Đạo, TT. Dương Đông,
　　　Phú Quốc
위치　여행자 거리 킹콩 마트에서 북쪽 450m
운영　11:00~22:30
요금　피자 28만 동~, 샐러드 17만 동~, 수제맥주 12만 동
전화　098-8373-793
홈피　thehomepizza.com

추천
퍼 사이공 Phố Sài Gòn

커다란 갈비가 들어가 보기만 해도 속이 든든한 쌀국수를 파는 곳이다. 입구의 커다란 솥에서 푹 고아낸 육수와 도가니가 섞인 갈비가 이곳의 트레이드 마크! 이름처럼 기름지고 걸쭉한, 사이공 지역 특유의 국수를 판매한다. 양도 많아서 쌀국수만으로 배부른 한 끼 식사가 가능하며, 덕분에 시장 일을 보러 나온 현지 아저씨들에게 인기가 많다. 한낮에는 손님이 없어 잠시 문을 닫기 때문에 아침이나 저녁 식사 시간에 찾아가는 것이 좋다. 아침이라 너무 무겁지 않게 즐기고 싶다면 고춧가루가 들어가 살짝 얼큰한 분보후에^{Bun Bo Hue}를 추천한다.

주소 31 Dương 30/4, Dương Đông, Phú Quốc
위치 야시장 입구
운영 06:30~11:30, 17:00~22:30
요금 갈비국수 6만 동, 분보후에 5만 동
전화 090-8136-986

마이조 레스토랑 Mai Jo Restaurant

베트남 여자와 포르투갈 남자가 만나 결혼하고 탄생한 포르투갈 퓨전 레스토랑이다. 포르투갈의 상징과도 같은 전통 도자기 타일 아줄레주에서 영감을 받아 파란색과 하얀색으로 인테리어를 하고 아줄레주풍 접시를 내놓는 것도 인상적이다. 스프링롤처럼 대중적인 베트남 요리도 있지만 핵심은 해산물 요리. 싱싱한 해산물들을 굽거나 찐 후 퓨전 소스로 맛을 끌어올렸다. 이 집의 대표 메뉴는 돼지고기로 속을 채운 오징어 요리로, 우리의 오징어순대와 비슷해서 입맛에 잘 맞는다. 의외로 햄버거가 맛있다는 평이 많다.

주소 Group 3, Ông Lang, Cửa Dương, Phú Quốc
위치 옹랑 해변에서 800m
운영 11:00~22:00
요금 오징어 요리 27만 동,
새우 요리 25만 동,
2인 세트메뉴 60만 동
전화 0965-365-187

반쎄오 꾸어이 3 Bánh Xèo Cuội 3

바삭바삭하게 부친 전 위에 숙주와 돼지고기, 새우 등을 넣고 반을 접어
먹는 반쎄오는 튀김이나 전을 좋아하는 사람이라면 누구나 반해버릴 베
트남 전통 음식이다. 반쎄오는 느억맘 소스에 그냥 찍어 먹거나 라이스페
이퍼 혹은 야채에 싸서 소스에 찍어 먹으면 된다. 기름진 반쎄오에 살짝
물릴 수 있으니 짭조름하면서도 달달한 분짜나 공심채볶음을 곁들이면
좋다. 반쎄오 꾸어이는 푸꾸옥섬 남단 안터이 항 근처에 2호점이 있다. 외
국인 여행자를 대상으로 한 3호점과 달리 로컬에 좀 더 초점을 두어 매장
분위기나 메뉴, 가격 등에 차이가 있지만 반쎄오 맛집이라는 것은 같다.

주소	Cầu Bà Phòng, Đường Trần Hưng Đạo, Cửa Lấp, Phú Quốc
위치	흥다오 도로(Trần Hưng Đạo) 남쪽
운영	10:00~21:30
요금	반쎄오 16만 동~, 분짜 8만 9천 동, 오징어 튀김 19만 동
전화	0766-896-932

아이스맨 비엣까 The Iceman VietCa, Quán Ốc Bình Dân 30k

"해산물 3만 동~!"이라고 외치며 손님을 유혹하는, 저렴한 해산물 구이
전문점. 작은 오픈형 음식점이지만 해가 지면 음식점 앞에 낮은 의자와
테이블이 깔리고 사방에서 모여든 고객들로 발 디딜 틈이 없다. 푸꾸옥에
서는 이런 콘셉트의 해산물집을 여러 곳 찾아볼 수 있는데 인근에 외국인
에게 유명해진 저가 해산물집도 있지만, 이곳의 가리비 구이와 달팽이 구
이, 새우 구이가 훨씬 맛있다.

주소	102 Trần Hưng Đạo, Dương Tơ, Phú Quốc
위치	분짜 하노이 맞은편
운영	02:00~22:00
요금	가리비 구이 3만 동, 비어하노이 1만 1천 동, 핫팟 15만 동

해산물 3만 동~!

온 더 록스 레스토랑 On The Rocks Restaurant

옹랑 해변에 자리한 자연 친화적인 곳. 망고베이 리조트의 해변에 위치한 온 더 록스 레스토랑은, 아름다운 선셋을 즐기며 저녁 식사하기 좋은 곳으로 이미 유명세를 타고 있다. 직접 짠 생과일주스와 갓 구운 빵, 팬케이크를 제공하는 조식 외에도 정갈하게 차려지는 베트남 음식 및 퓨전 음식도 훌륭하다. 와인과 함께 즐길 수 있는 타파스도 다양하게 판매하고 있다. 일몰 시간인 오후 4시부터 7시까지 해피 아워도 운영하고 있어서 칵테일을 즐기며 일몰을 감상하기에도 안성맞춤이다.

주소 Cửa Dương, Phú Quốc
위치 옹랑 해변, 망고베이 리조트 내
운영 07:00~10:30
요금 타파스 11만 5천 동~,
　　바비큐 폭립 27만 5천 동,
　　새우를 넣은 타이커리 26만 동
전화 0297-3981-693
홈피 mangobayphuquoc.com

Tip | 음식 주문에 실패하지 않으려면!

베트남 음식 이름에는 재료 이름이 들어가는 경우가 많다. 따라서 몇 가지 단어를 알아놓으면 주문할 때 큰 도움이 된다. 예를 들어 '퍼 보'는 소고기가 들어간 쌀국수란 뜻이고, '분짜까'는 생선 튀김이 든 국수라는 뜻! 푸꾸옥에서는 영어가 통하지 않는 경우가 많으므로, 아래 단어만 알아도 주문에 실패하는 일은 줄어든다. 향신료인 고수를 좋아하지 않는다면 주문할 때 미리 말하지. 사진을 보여줘도 좋다.

○ 필수 용어

분bún : 얇고 서로 달라붙어 있는 발효국수
미mì : 강황을 넣은 노란 국수
퍼Phở : 납작한 흰 국수
미엔miến : 칡, 녹두 등으로 만든 당면 국수
까cá : 생선

가gà : 닭고기
짜chá : 튀김
보bò : 소고기
남năm : 양지고기
떠른to lớn : 큰

떠녀to nhỏ : 작은
닥비엣đặc biệt : 스페셜
느억nước : 물
루이lui : 찌르다(꼬챙이)

"고수를 넣지 마세요"
Không cho rau ngò(rau mùi)
꽁 쩌 라우응오(라우무이)

아이리스 카페 Iris Cafe

여행자들이 주로 머무는 흥다오 도로 가장 남쪽에 위치한 작은 야외 레스토랑. 한적한 도로가에 있지만 주황색 타일 바닥과 벽면, 붉은 나무 테이블, 아기자기한 화분으로 장식한 공간이 아늑하다. 신선한 재료로 조리되어 깨끗하게 서빙되는 음식이 눈으로 봐도 정갈하고 맛도 좋아서 서양 여행자들에게 특히 많은 사랑을 받고 있다. 시원한 생맥주와 잔 와인, 밀크셰이크 등 음료 메뉴도 훌륭하다. 돈을 내기 전 영수증은 꼭 확인하자.

주소 Cầu Bà Phong, Dương Tơ, Phú Quốc
위치 흥다오 거리(Trần Hưng Đạo) 남쪽 끝부분
운영 07:00~23:00
요금 생선 & 새우 콤보 15만 동, 생맥주 3만 동, 와인(1잔) 7만 동
전화 091-449-7479

추천

 마담 타오 Madam Thảo

그랜드 월드 내 식당들 가운데 한국인들에게 가장 유명한 맛집 중 하나다. 한국인 입맛에도 잘 맞는 베트남 요리를 주메뉴로 하는데, 그중에서도 분짜, 해산물볶음밥, 공심채(모닝글로리)마늘볶음, 뚝배기쌀국수, 오징어튀김이 베스트셀러. 음식 사진이 있는 영어 메뉴판 외에 한국어 메뉴판도 준비돼 있다. 베트남 음식치고는 가격이 좀 있는 편이지만 로컬 식당과 달리 깔끔하고 위생적이며 에어컨이 나오고 그랜드 월드라는 최대 관광지 내 위치해 있다는 점을 고려할 때 수긍이 가기도 한다.

주소 Khu Grand World, TH21, Đường Thượng Hải, Tp. Phú Quốc
위치 그랜드 월드 내
운영 07:00~21:00
요금 쌀국수 15만 동, 분짜 15만 동, 오징어 튀김 19만 동
전화 0862-065-148

©ririsiu

113

껌토따이껌 Cơm Thố Tay Cầm

남동부 껨 해변에 새로 들어선 뉴월드 리조트 앞 맛집이다. 남동부는 뉴월드 리조트와 JW 메리어트 리조트, 프리미어 빌리지 같은 최고급 리조트들이 있지만 리조트 밖에서 맛집을 찾기란 거의 불가능했다. 껌토따이껌이 문을 열기 전까지 말이다. 해산물 요리와 바비큐를 전문으로 하는데, 기름에 튀기고 양념에 볶아 달달하면서 짭조름한 맛이 일품. 양념에 밥 비벼 먹으면 한 그릇 뚝딱, 맥주까지 부르는 맛이다. 오징어볶음이나 튀김, 모닝글로리(공심채)볶음, 조개 볶음, 볶음면, 치킨라이스 등 뭘 시켜도 실패가 없다. 푸꾸옥 감옥 방문 전후로 찾아가 봐도 좋다.

주소　R171, bãi Khem, Phú Quốc
위치　뉴월드 리조트 앞　　　운영 11:00~22:00
요금　오징어볶음 16만 동, 치킨 라이스 10만 동,
　　　해산물 볶음면 16만 동
　　　(서비스 차지 5% & 세금 10% 별도)
전화　0935-829-592

가네쉬 인도 음식점 Ganesh Indian Restaurant

베트남 전역에 분점이 있는 유명 인도 음식 체인점으로, 푸꾸옥에도 있다. 우리 입맛에도 익숙한 향신료와 고소한 난을 에어컨이 있는 쾌적한 실내에서 맛볼 수 있는 것이 이곳의 최고 장점이나. 푸꾸옥의 음식점들이 전체적으로 비싼 것을 감안하면 가격도 오히려 저렴하게 느껴지는 수준이다. 온갖 해산물 구이가 슬슬 질릴 때 즈음 들르기 좋은 곳이다.

주소　97Trần Hưng Đạo, Dương Tơ,
　　　Phú Quốc
위치　흥다오 도로(Trần Hưng Đạo)
　　　중간, 라하나 리조트 골목 입구
운영　10:00~23:00
요금　치킨빈달루 13만 동,
　　　망고라시 5만 동, 난 4만 동
전화　0297-3994-917, 091-4159-614
홈피　www.ganeshphuquoc.com
메일　nandukafle121@gmail.com

카페 쓰어다 Cà Phê Sữa Đá

우리에겐 사뭇 평범할 수도 있는 카페지만, 푸꾸옥에
서는 무척 세련되면서도 아기자기한 분위기의 카페로
야시장과 가까워서 이용하기도 편리하고 에어컨도 있
다. 모던하게 인테리어된 2층 카페는 그 자체로도 쾌
적하지만 무엇보다 이곳의 과일 셰이크는 그 누구도
실망시키지 않을 만큼 놀라운 맛이 난다. 야시장의 노
점에서 볼 수 있는 과일 셰이크와 가격 차이도 크게
나지 않는다. 아보카도 셰이크와 밀크티가 정말 환상
적이고 커피 맛도 괜찮다.

주소 68 Đường Bạch Đằng, P, Phú Quốc
위치 야시장 북쪽 길 건너편
운영 06:00~22:00
요금 밀크티 3만 8천 동,
      아보카도 셰이크 3만 8천 동
전화 094-9100-289
홈피 www.facebook.com/
      CaphesuadaPQ

버디 아이스크림 & 카페 Buddy Ice Cream & Cafe

2005년에 오픈해서 벌써 10년 넘게 사랑받는 전통 있는 아이스크림 카
페. 〈배틀 트립〉에도 소개됐다. 풍부한 우유거품이 가득한 카푸치노와 카
페 라테, 깊은 맛의 아이스크림으로 승부한다. 원래는 여행자 거리(흥다오
도로 내)에 위치해 있었으나, 진 꺼우 사원 근처로 옮겨 푸꾸옥 야시장을
오가기도 편리하고 바다 너머 해 지는 것을 보기에도 좋다. 팬케이크나
뮤즐리, 오믈렛 등 다양하게 마련된 조식 메뉴도 호평이다.

주소 06 Đường Bạch Đằng, Kp2,
      Phú Quốc
위치 즈엉동 야시장에서 200m
운영 06:30~22:00
요금 아이스크림 4만 동, 셰이크 5만 동
전화 0297-399-4181

냐항센 Nha Hang SEN

노보텔 등 리조트들이 몰려 있는 소나시 지역에서 한국인들에게 입소문 난 곳이다. 이 일대 마땅한 식당이 없다 보니 소나시 야시장을 많이들 찾는데 위생을 걱정하는 사람들에게 특히 환영을 받고 있다. 한국인이 운영하는 만큼 한국인의 니즈를 정확히 파악해, 매장도 넓고 깔끔하며 에어컨을 가동해 시원하다. 국수, 분짜, 모닝글로리볶음, 스프링롤 같은 대표적인 베트남 음식들이 있으며, 향신료에 민감한 사람도 부담없이 먹을 수 있다. 새우, 랍스터, 굴, 대합, 총알오징어, 게 등의 해산물도 한국인들이 좋아하는 조리법(치즈구이, 블랙페퍼소스, 칠리소스, 타마린드소스, 베트남 전통 방식 숙회 등)으로 다양화시켰다. 선택이 어려운 사람들을 위해 랍스터 혹은 크랩 콤보 메뉴도 준비돼 있다.

주소　Sonasea Villas & Resort, Đường Bào, Phú Quốc
위치　소나시 쇼핑 거리 내
운영　06:00~22:00
요금　새우치즈구이 46만 동, 총알오징어숙회 35만 동, 랍스터 콤보세트 150만 동, 크랩 콤보세트 100만 동
전화　0903-135-166

하디스 게르만 베이커리 & 카페 Hardy's German Bakery & Cafe

독일인이 직접 운영하는 독일식 빵집으로, 푸꾸옥에서 그나마 가장 괜찮은 빵을 맛볼 수 있는 곳이다. 고소하고 담담한 맛의 프레첼이나 묵직한 호밀빵 등 푸꾸옥에서 쉽게 찾아볼 수 없는 빵을 판매한다. 풍부한 버터크림이 들어간 아몬드 케이크 비넨슈네히 Bienenstich를 꼭 먹어보자. 커피 맛이 좋고 킹콩 마트 바로 옆에 있어 겸사겸사 쉬었다 가는 사람들이 많다.

주소　142 Trần Hưng Đạo, Dương Tơ, Phú Quốc
위치　존스 투어 인근
운영　07:30~21:00
요금　비넨슈네히 4만 5천 동, 바게트 샌드위치 5만 동, 바바리안 브레첼 2만 동
전화　098-8419-843

담백한 맛의 프레첼

파라디소 레스토랑 Paradiso Restaurant

하얀 모래사장이 아름다운 사오 해변 북쪽에 한적하게 자리한 해변 레스토랑으로, 비교적 외국 여행자의 입맛에 맞는 다양한 음식들을 판매하고 있다. 비싼 편인 선베드 대여료와 서투른 직원들 때문에 불만족스럽다는 평도 있지만, 음식 질은 괜찮아서 큰 기대를 내려놓는다면 좋은 시간을 보낼 수 있다. 참고로, 사오 해변 남쪽에는 베트남의 스타벅스라 할 수 있는 하일랜드 커피Highlands Coffee가 있다.

주소 Bãi Sao, An Thơi, Phú Quốc
위치 사오 해변 북쪽 끝
운영 09:00~18:00
요금 선베드 개당 20만 동(타월, 샤워실
　　　이용 가능), 차량 주차 20만 동
　　　(레스토랑 이용 시 무료), 햄치즈
　　　파니니 16만 동, 치킨 버거
　　　20만 동, 사이공 맥주 5만 동
전화 0297-627-9988

레스토랑 이용 시
주차 요금은 무료!

쭈언쭈언 비스트로 & 스카이 바 Chuồn Chuồn Bistro & Sky Bar

넓은 바다와 즈엉동 마을 전체를 조망할 수 있는 언덕 위의 스카이 바로, 야외의 넓은 테라스에서 바라보는 전경이 근사하다. 테라스는 언제 가도 사람들로 붐비지만 특히 저녁 시간에는 식사나 음료를 즐기며 일몰을 감상하려는 사람들로 북적이므로 예약하는 것이 좋다. 일몰 후에는 로맨틱한 램프를 켜놓고 분위기를 잡는 연인들로 여전히 발 디딜 틈이 없다. 메뉴는 한정적이면서도 비싼 편이고 사람이 너무 많이 붐비는 시간에는 원활한 서비스가 이루어지지 않을 수 있다. 또 흥다오 도로에서 이곳까지의 길은 인적이 드무므로 택시를 이용하는 것이 좋다.

주소 Khu 1, Phú Quốc
위치 즈엉동 마을 언덕
운영 07:30~23:00
요금 나시고렝 9만 5천 동,
　　　버거 14만 5천 동,
　　　사이공 맥주 3만 5천 동
전화 0297-360-8883

추천

선셋 비치 바 Sunset Beach Bar

수준급의 음식과 전문적인 바텐더의 칵테일, 디제이가 엄선한 음악 등이 갖추어진 해변 바로, 잘 꾸며진 분위기 덕분에 선셋을 즐기기에 안성맞춤이다. 무료 선베드에서 해수욕을 즐길 수 있는 낮 시간도 좋지만 밤이 되면 외국의 디제이들이 펼치는 공연과 해변의 캠프파이어로 더 흥겨워진다. 여성의 날 등 기념일에는 다양한 할인 이벤트도 제공하므로 페이스북 공지사항을 잘 살펴보자.

주소 100C/2 Trần Hưng Đạo,
Dương Đông, Phú Quốc
위치 롱 비치   **운영** 09:00~01:00
요금 생맥주 3만 동, 칵테일 12만 동,
클럽 샌드위치 17만 9천 동
전화 088-899-9988
홈피 www.facebook.com/
sunsetbeachphuquoc

추천

세일링 클럽 Sailing Club Phú Quốc

섬 휴양지의 특성상 저녁 시간에 특별한 즐길거리가 없는 푸꾸옥에서 '불쇼'라는 볼거리로 더 유명한 곳이다. 쇼는 어둠이 내려앉은 이후 진행되기 때문에 시간 변동이 있지만 오후 7~8시쯤 한다. 좋은 자리는 홈페이지 예약을 통해 미리 선점해야 하는데 경쟁이 치열하다. 세일링 클럽은 해변에 위치해 있어 선셋을 감상하기에도 좋다. 클럽 내에는 야외 수영장도 있어, 낮에는 수영장을 목적으로 방문하기도 한다. 음식 맛은 평범한데 양이 적고 비싼 편이지만, 분위기나 시설, 불쇼 등을 생각하면 수긍이 간다.

주소 Lô B7 Khu phức hợp, Bãi Trường, Phú Quốc
위치 인터컨티넨탈 리조트 근처
운영 12:00~22:00
요금 스테이크 75만 동, 타이거 새우
30만 동, 샐러드 22만 동
전화 0931-031-035
홈피 sailingclubphuquoc.com

해수욕과 식사를 함께! **특별한 해변 레스토랑**

푸꾸옥 곳곳에 자리한 28개의 해변은 모험을 즐기는 여행자의 로망을 자극한다. 리조트의 잘 관리된 해변도 좋지만, 다양한 분위기의 해변에서 편하게 먹고 마시며 즐기는 것은 어떨까? 푸꾸옥의 많은 해변이 리조트에 부속된 프라이빗 해변으로 변모하고 있는 만큼 외부인이 접근 가능한 해변의 수는 점점 더 줄어들고 있다. 반면 아무런 시설도 갖춰지지 않은 해변은 제대로 된 도로가 없어 접근하기 어려운 경우가 대부분이다. 따라서 특별한 해변을 즐기고 싶다면 분 위기 좋은 해변 레스토랑을 찾아가는 것이 제일 좋다. 접근하기 좋고 선베드 등 간단한 시설을 구비한 해변 레스토랑을 소개한다.

❶ 붕바우 리조트 레스토랑
Vung Bau Resort(p.81)

투명한 바다를 우거진 나무들이 감싸고 있어 아늑 한 분위기가 느껴지는 해변에 위치한 레스토랑으 로, 외부인도 부담 없이 이용할 수 있다.

위치 붕바우 해변

❷ 혼텀섬 해변 레스토랑
Hon Thom Beach Restaurant(p.102)

세계에서 가장 긴 해상 케이블카로 혼텀섬에 들어 서면 선 월드에서 운영하는 버기카를 이용해 이 해 변 레스토랑에 닿을 수 있다. 해변 크기에 비해 이용 객이 많아 혼잡할 때도 있지만, 저렴하게 선베드를 대여할 수 있고 레스토랑이나 샤워장도 잘 갖춰져 있으며 수상 놀이시설까지 이용할 수 있다.

위치 혼텀섬

❸ 파라디소 레스토랑
Paradiso Restaurant(p.117)

하얀 모래사장에 투명한 물빛으로 푸꾸옥을 대표하 는 흰 모래 해변인 사오 해변이지만, 중심부는 선베 드와 레스토랑, 밀려드는 인파로 혼잡한 편이다. 좀 더 한적한 분위기에서 제대로 해수욕을 즐기고 싶 다면 이곳을 방문해 보자.

위치 사오 해변

킹콩 마트 KingKong Mart

푸꾸옥에서 한국인들에게 가장 유
명한 대형마트다. 내륙에 있는 롯
데마트와 비교할 수 없지만, 과자,
맥주, 과일 등 베트남 식료품과 한
국 라면과 비비고 같은 냉동식품,
공산품, 의류, 기념품 등 웬만한 것
은 다 있다. 대부분의 한국인들이
한 번 이상 꼭 방문하기 때문에 이
른 오전 외에는 항상 계산대에 줄
이 길다. 규모는 작지만 즈엉동 야
시장에 2호점이 있다.

주소 141A Đường Trần Hưng Đạo,
Khu Phố 7, Phú Quốc
위치 여행자 거리 존스 투어 근처
운영 08:00~22:00
전화 0915-794-238
홈피 kingkongmart.vn

---

more & more 푸꾸옥에 쇼핑할 게 많지는 않지만~

푸꾸옥은 베트남에서 멀리 떨어진 섬인 만큼, 쇼핑 품목이 다양한 편은 아니다. 원래 어촌 마을이었기 때
문에 후추와 진주 외에 특별한 특산물도 찾아보기 힘들다. 물론 진주나 악어가죽 같은 값비싼 것들은 여
행용 럭셔리한 쇼핑몰 등지에서 찾아볼 수 있지만, 여행자의 재미는 역시 싸고 독특한 물건을 찾는 것!
야시장이나 마트에서 베트남 분위기가 물씬 풍기는 소소한 기념품을 사거나 흥정하는 재미를 느낄 수 있
으므로 한 번쯤은 들러보자.

❶ 건과일
선물용으로 좋은 말린 과일은 마트 쇼핑의
필수 아이템~

❷ 볶은 땅콩
한 외국인이 땅콩에 설탕을 묻혀
팔기 시작한 게 푸꾸옥의 '마약 땅콩'이
되었다. 다양한 맛이 있으니
시식해 보고 결정하자!

❸ 머그컵
일상에서도 여행의
추억을 떠올리고 싶다면~
투박하지만 정겹다.

❹ 마그네틱
여행 기념품 인기 넘버원! 가볍고 작아서
여러 개 사도 부담 없다.

❺ 마카다미아 초콜릿
베트남 전통 모자 농 모양의
초콜릿 안에 고소한
마카다미아가 가득!

K+ 마크 Supermarket K + Mark Phu Quoc

이곳은 푸꾸옥을 떠날 때가 아니라 처음 도착했을 때 방문하면 좋을 곳으로, 김치나 라면, 김, 소주 등 한국인의 기본적인(?) 여행 품목을 구입할 수 있다. 물론 푸꾸옥의 특산물인 후추나 꿀 등도 있다. 킹콩 마트보다는 작지만 북부 지역에서 이 정도 규모에 깨끗하고 쾌적한 마트는 찾기 불가능하다. 특히 사람이 얼마 없어 계산 기다릴 필요가 없다. 빈펄 리조트로 가는 길목에 있어 중간에 들르기도 편리하다.

주소 Dương Đông - Cửa Cạn, TT. Dương Đông, Phú Quốc
위치 야시장에서 북쪽 3km
운영 08:00~22:00
전화 097-7825-765

부이 마트 BÙI MART PHÚ QUỐC

즈엉동 시장에서 북동쪽으로 1.5km 떨어진 곳에 위치한 마트다. 현지인들에게는 가장 번화한 지역에 있는 만큼 킹콩 마트보다 크고, 로컬 식료품, 주방용품, 욕실용품 등이 잘 갖춰져 있다. 여행객들이 없는 곳이라 물품은 현지인들이 많이 소비하는 것 위주이며, 한국인들이 많이 사는 제품은 없는 것도 있다. 가격은 킹콩 마트보다 저렴하다.

주소 26 Đ. Lý Thường Kiệt, TT. Dương Đông, Phú Quốc
위치 즈엉동 야시장에서 차량으로 5분
운영 08:00~22:00
전화 0983-846-842

선물용으로 좋은 건강식품들~

베트남의 맛을 한국에서도!

121

JW 메리어트 JW Marriot

기존에 대학교 건물 부지였던 곳을 메리어트 호텔이 새로 단장해 럭셔리 리조트로 탈바꿈시켰다. 인터컨티넨탈 다낭 리조트를 디자인한 건축가 빌 벤슬리가 디자인한 만큼 고급스러우면서도 절제된 분위기가 리셉션에서부터 느껴진다. 옛 대학의 정취를 살려, 구역별로 다양한 분위기로 디자인되어 있어서 리조트를 둘러보는 재미가 쏠쏠하다. 다양한 색감과 기둥, 그에 맞춰 제작된 가구와 어메니티까지 하나하나 아름답게 디자인되고 배치되어 있다는 것도 좋지만, 무엇보다도 푸꾸옥 여타 지역에서 흔히 볼 수 없는 흰 모래 해변인 껨 해변을 거의 독점하다시피 한 점이 이 리조트를 더욱 특별하게 만든다. 또 다른 흰 모래 해변인 사오 해변은 수많은 레스토랑과 여행객으로 번잡하지만, 이곳은 더 없이 한적해서 더 아름답게 느껴진다. 푸꾸옥 최고의 럭셔리 리조트로 손꼽히는 만큼 많은 명사가 찾는 곳으로, 비록 인근에 도보로 갈 수 있는 레스토랑이나 볼거리는 없지만, 아름다운 해변과 완벽하게 갖춰진 리조트 시설 그 자체를 만끽하는 것만으로도 시간이 모자란다. 다양한 길거리 공연이 펼쳐지는 금요야시장이나 바이크 투어, 점성술 강좌 등 독특하고 다양한 액티비티도 준비되어 있다.

주소 An Thoi Town, Phú Quốc
위치 푸꾸옥 남동쪽 해변, 껨 해변
요금 에메랄드룸 263$, 디럭스룸 300$, 스위트룸 341$, 빌라 1,879$
전화 0297-3779-999
홈피 marriott.com

부대시설	수영장, 키즈클럽, 레스토랑 & 바, 스파, 피트니스센터, 컨퍼런스 룸, 워터스포츠 센터
레스토랑 & 바	**템푸스 푸짓**Tempus Fugit '시간은 쏜살같이 흐른다(Time Flies)'라는 뜻의 레스토랑으로, 조식 뷔페에서부터 베트남, 일본, 프랑스 음식을 선보이는 저녁 식사까지 다양한 음식을 맛볼 수 있다. 운영 06:30~23:00 **핑크 펄**Pink Pearl 예술적인 파인다이닝을 경험할 수 있는 곳으로 광동식 해산물과 와인이 준비되어 있다. 운영 17:30~23:00 **레드 럼**Red Rum 해변에 위치한 해산물 레스토랑으로 지역의 신선한 해산물을 이용한 메뉴를 즐길 수 있다. 운영 11:00~21:00 **프렌치 & 코**French & Co 프렌치 스타일의 페이스트리와 커피, 간식거리를 즐길 수 있다. 운영 08:00~19:00 **디파트먼트 오브 케미스트리 바**Department of Chemistry Bar '화학과의 바'라는 이름답게 창의적으로 믹스된 다양한 종류의 음료를 선보인다. 간단한 디저트와 티도 맛볼 수 있다. 운영 15:00~24:00
기타	오전 7시부터 저녁 6시까지 요가, 바이크 투어, 티셔츠 페인팅, 호이안 랜턴 만들기 등 다양한 액티비티가 준비되어 있다.

프리미어 빌리지 리조트 Premier Village Phu Quoc Resort

푸꾸옥 남동쪽 옹도이 곶Mũi Ông Đội에 자리한 빌라형 리조트 단지로 2018년에 오픈하여 명실공히 푸꾸옥 최고급 리조트로 자리매김하고 있다. 여행자의 중심지인 즈엉동에서 멀리 떨어져 있고 주변에 레스토랑이나 여타 리조트도 없어 푸꾸옥섬 전체를 둘러보길 원한다면 불편할 수 있지만, 아름다운 푸꾸옥 바다를 만끽하기를 원한다면 더할 나위 없는 곳이다. 부지를 따라 이어진 아름다운 형태의 수영장과 부드러운 모래사장, 잘 관리되어 투명한 물빛의 해변, 가족이 이용하기 좋은 풀빌라가 곶의 지형과 어우러져 마치 원래부터 그곳에 있던 것처럼 자리해 있다. 이곳에서 제대로 된 휴식을 누려보자.

주소 Mũi Ông Đội, An Thới, Phú Quốc
위치 푸꾸옥 남동쪽 해변, 껨 해변
요금 2베드룸 빌라 380$, 2베드룸 비치프론트 540$, 3베드룸 해변프론트 580$
전화 0297-3546-666
홈피 premier-village-phu-quoc-resort.com
메일 HB2R4@accor.com

부대시설	수영장, 키즈클럽, 레스토랑 & 바, 스파
레스토랑 & 바	**더 마켓The market** 시장에서 공수한 각종 신선한 재료로 요리한 다양한 메뉴를 즐길 수 있는 곳으로 편안하면서도 쾌적한 분위기이다. 운영 06:00~11:00, 12:00~15:00, 18:00~22:00 **코랄로Corallo** 최고의 재료를 이용해 최고의 메뉴를 선보이는 곳으로 메뉴에 맞는 와인리스트까지 갖추고 있다. 아름다운 해변의 전망, 부드러운 파도 소리와 함께 최고의 시간을 보낼 수 있는 곳. 운영 11:00~22:30 **주스 바Juice Bar** 바로 짠 신선한 과일주스를 선보이는 곳으로 해변의 선베드와 가장 잘 어울리는 음료를 맛볼 수 있다. 운영 09:00~17:00 **선셋 라운지Sunset Lounge** 푸꾸옥 최고의 일몰을 감상할 수 있는 라운지로, 이브닝 칵테일과 함께 아름다운 일몰을 감상해보자. **풀 바Pool Bar** 한낮의 해변과 수영장을 즐기며 시원한 음료를 마실 수 있다.

4~5성급

빈펄 리조트 Vinpearl Resort Phu Quoc

빈 그룹은 정부가 막 푸꾸옥 관광개발을 시작할 때부
터 참여해 푸꾸옥 서북쪽 지역에 빈원더스와 사파리,
골프장, 카지노, 그랜드 월드까지 건설을 완료했다. 빈
펄 마을이라고 불러도 과언이 아닌 이 복합 리조트 단
지는 취향에 따라 저렴한 객실에서부터 여러 가족이
함께 머물 수 있는 풀빌라까지 다양한 형태의 숙박시
설을 갖추고 있다. 또 빈펄 리조트 특유의 넓은 풀과
뷔페 레스토랑, 웅장한 일몰이 아름다운 해변까지 어
우러져 모든 유형의 여행객을 만족시킨다. 다른 지역
의 빈펄 리조트와 이용 방법이나 시설, 분위기가 비슷
하기 때문에 기존 리조트를 이용해본 여행객이라면
이곳에 좀 더 편안하게 묵을 수 있다. 물론 길고 원시
적인 자이 해변의 풍광과 이곳에서 감상할 수 있는 강
렬한 일몰, 풍부한 해산물 요리는 이곳만의 매력이다.
예전에는 세 끼 식사를 모두 이용하는 풀보드로 예약
하면 빈원더스를 무료로 이용할 수 있었으나 지금은
별도로 빈원더스와 사파리 이용권을 구매해야 한다.
빈원더스 입구에서 직접 이용권을 구매할 수도 있지
만, 빈펄 리조트에서 통합입장권(1일 유효)을 구입하면
하루 동안 무제한으로 빈원더스와 사파리를 드나들 수
있어서 중간중간 나가서 식사하거나 리조트에서 쉴 수
있다. 즈엉동 야시장, 공항, 세일링 클럽 등을 오가는
무료 셔틀버스(빈버스)도 운행하고 있다.

주소 Bãi Dài, xã Gành Dầu, Phú Quốc
위치 푸꾸옥 서북쪽, 공항에서 차량으로 50분
전화 0190-0636-699
홈피 www.vinpearl.com
메일 callcenter@vinpearl.com

▶▶ 빈펄 리조트 & 스파 Vinpearl Resort & Spa Phu Quoc

푸꾸옥의 빈펄 리조트 중에서 가장 먼저 생긴 곳으로,
보통 빈펄1이라고 부른다. 빌딩과 풀빌라 형태가 함께
운영되는데, 넓고 한적한 해변과 빈펄 리조트 중 가장
넓은 메인수영장이 어우러져 전반적으로 시원시원한
느낌이 든다. 둥근 곡선이 이어진 아름다운 수영장과
선베드에 적절한 조경이 어우러진 정원이 특히 매력
적이다. 객실 역시 빈펄답게 고급스럽고, 가격 대비 넓
고 쾌적한 편이다.

부대시설 전용해변, 수영장, 키즈클럽, 레스토랑 & 바,
스파, 피트니스센터, 무료 공항셔틀

요금 디럭스 154$, 3베드룸 오션빌라 508$
전화 0297-2519-999
GPS 10.331271, 103.852309

▶▶ 빈펄 원더월드 Vinpearl Wonderworld Phu Quoc

빌라 형태로만 이루어졌으며 디스커버리 1, 2로 나뉘어져 있었으나 원더월드라는 이름으로 통합되었다. 해변과 인공호수가 있는 넓은 부지에 수많은 빌라가 자리하고 있는데, 중간중간 조경이 빈약해서 약간은 황량한 느낌이 든다. 그러나 가격 대비 쾌적한 풀빌라를 이용할 수 있어서 가족 여행자들에게 인기 있다. 모든 빌라가 개인 풀을 가지고 있지만 다른 빈펄 리조트와 비교했을 때 공용 풀이 작은 것은 아쉽다.

요금 2베드룸빌라 334$,
　　　 3베드룸 빌라 550$, 4베드룸 빌라 604$
전화 0297-3779-888
GPS 10.343134, 103.851334

부대시설 전용해변, 수영장, 레스토랑 & 바, 피트니스센터, 무료 공항셔틀

▶▶ 빈홀리데이 피에스타 Vinholidays Fiesta Phu Quoc

그랜드 월드 내에 위치한 4성급 호텔로, 각종 레스토랑, 스파 및 테마파크를 지척에 두고 있어 편리하다. 주요 관광지를 무료로 연결하는 빈버스가 그랜드 월드에서 출도착한다는 점에서 공항, 즈엉동 시내로의 이동도 큰 부담이 없다. ㄷ자 형태의 빌딩에는 687개의 현대식 객실이 있으며, 중앙에 800m²의 대형 수영장을 갖추고 있다.

부대시설 수영장, 레스토랑, 키즈클럽, 피트니스센터

요금 스탠다드 40$, 스튜디오 스위트 55$　　　**전화** 0297-3779-888
GPS 10.325337, 103.858370

5성급　　　　　　　　　　　　　　　GPS 10.337487, 103.849861
쉐라톤 푸꾸옥 롱 비치 리조트 Sheraton Phu Quoc Long Beach Resort

구 빈펄 리조트 & 골프를 쉐라톤이 인수해 새롭게 문연 곳이다. 골프장까지 버기로 5분 거리에 있어, 휴양과 골프를 염두에 둔 여행객들이 주목할 만한 곳이다. 빈펄 단지 내 위치해 있어 빈버스(무료 셔틀)를 이용하면 빈원더스나 사파리, 그랜드 월드로의 접근성도 좋다. 빌딩 건물과 풀빌라, 넓은 메인 수영장, 프라이빗 해변으로 구성돼 있다.

부대시설 전용해변, 수영장, 레스토랑 & 바, 스파, 키즈클럽, 피트니스센터, 무료 공항셔틀

주소 Bai Dai area, Tp. Phú Quốc
위치 푸꾸옥 서북쪽 빈펄 단지 내, 공항에서 차량으로 50분
요금 디럭스 130$, 패밀리 200$, 2베드룸빌라 오션 310$
전화 0297-3619-999　　　**홈피** www.marriott.com

5성급

GPS 10.112593, 103.983555

인터컨티넨탈 푸꾸옥 롱 비치 리조트 InterContinental Phu Quoc Long Beach Resort

푸꾸옥의 5성급 리조트들 가운데 가장 많이 언급되는 곳 중 하나이다. 공항에서 남쪽으로 10km 떨어져 있어 즈엉동 시내와 멀고, 주변에는 세일링 클럽 외 마땅한 상업 시설이 없어 3km 떨어진 소나시 쇼핑 거리까지 나가야 한다. 위치적 단점을 보완해 주는 빈버스가 인터컨티넨탈까지 운행된다는 점은 그나마 다행이다. 이렇게 불편함이 분명한데도 인기가 있는 것은 왜일까? 외진 만큼 한적하다. 외부인의 출입이 없어 프라이빗 해변 컨디션이 좋고 오롯이 휴양에 집중할 수 있다. 5성급 리조트답게 수영장과 이를 둘러싼 열대정원을 잘 조성해 놓았다. 인터컨티넨탈은 아이를 둔 가족 여행객들이 특히 선호하는 곳이다. 아이들을 위한 수영장과 키즈클럽, 다양한 액티비티 프로그램들이 있으며 베이비시터 서비스까지 제공하기 때문에, 아이들을 맡기고 부모만의 자유 시간도 누릴 수 있다.

주소 Bai Truong, Duong To Ward Kien Giang, Phu Quoc
위치 롱 비치 남쪽 끝, 공항에서 차량으로 17분
요금 클래식 260$, 주니어 스위트 380$, 2베드룸 레지던스 520$, 3베드룸 풀빌라 1,250$
전화 0297-3978-888
홈피 www.ihg.com/intercontinental
메일 reservations.icpq@ihg.com

부대시설	수영장(2개), 전용해변, 레스토랑 & 바(6개), 키즈클럽, 스파, 극장, 오락실, 비즈니스 센터, 피트니스 센터, 자전거 대여
레스토랑 & 바	**소라 & 우미**Sora & Umi 수영장 및 바다 전망의 조식 뷔페 레스토랑이다. 중식 및 석식으로는 베트남식이나 일식 단품 요리를 제공한다.
	씨쉑Sea Shack 해변가에 위치한 캐주얼 레스토랑이자 비치 바다. 해산물이나 바비큐 요리들을 비롯해 다양한 음료를 맛볼 수 있다.
	옴브라Ombra 수영장 옆에 위치한 풀바이자 이탈리안 레스토랑이다. 피자, 파스타, 샌드위치 같은 스낵류와 각종 음료, 키즈 메뉴까지 제공한다.
	라바LAVA 해변가에 위치한 고급 레스토랑으로, 최고급 해산물 요리들을 맛볼 수 있다. 프라이빗 VIP룸도 있다.
	펄 라운지 Pearl Lounge 고급 디저트를 즐길 수 있는 카페 라운지다. 상급 객실의 클럽 라운지로도 사용되며 매일 오후 3~6시에 애프터눈티가 제공된다.
	잉크 360INK 360 19층에 위치한 루프톱 바로 최고의 파노라마 전망으로 유명하다. 칵테일 및 다양한 음료와 함께 환상적인 일몰을 즐길 수 있다.

5성급

노보텔 Novotel

베트남의 여러 노보텔 중 푸꾸옥 지점은 리조트 형태로 이루어진 유일한 곳으로, 일반 빌딩 건물 외에도 다양한 형태의 빌라를 갖추고 있어 가족 여행에 가장 적합하다. 해변에 자리한 넓은 메인 풀과 빌라 쪽의 공용 풀, 레스토랑, 피트니스센터, 테니스코트 등 수많은 시설을 갖추고 있어 빈펄에 이어 두 번째의 규모를 자랑한다. 노보텔 맞은편에 상가 거리Sonasea Shopping Center가 있어, 비교적 저렴하게 마사지를 받거나 다양한 종류의 레스토랑을 이용할 수 있다. 넓은 메인수영장과 여러 형태의 풀빌라를 갖추고 있고 다양한 프로그램을 운영하는 키즈클럽도 있다.

주소 Duong Bao Hamlet Duong To Commune, Đường Bào, Phú Quốc
위치 롱 비치 남쪽 끝, 공항에서 차량으로 15분
요금 슈피리어 150$, 디럭스 170$, 방갈로 260$, 빌라 395$
전화 0297-626-0999
홈피 www.accorhotels.com
메일 h9770@accor.com

부대시설	수영장(리조트, 빌라), 키즈클럽, 레스토랑 & 바, 스파, 미팅룸, 비즈니스 센터, 피트니스센터, 테니스코트, 무료 공항 픽업
레스토랑 & 바	**푸드 익스체인지 레스토랑**Food Exchange Restaurant 가족 모두의 취향을 만족시킬 수 있는 뷔페 외에 다양한 서양식, 아시아식, 베트남식 특선요리를 제공하는 곳으로 고급스러운 인테리어와 수영장이 보이는 아름다운 전망 속에서 분위기 있게 식사를 할 수 있다. 운영 11:00~14:30, 18:00~22:30 **푸꾸옥 시푸드 레스토랑**The Phu Quoc Seafood Restaurant 푸꾸옥에서 가장 맛있는 시푸드를 선보이는 해산물 레스토랑을 표방하는 곳으로, 친근하면서도 새로운, 높은 수준의 음식을 선보인다. 운영 06:00~10:30, 18:00~22:00 **라운지 바**Lounge Bar 넓은 수영장 한쪽에 자리한 아늑한 바. 시원한 과일주스나 칵테일과 함께 더 즐거운 시간을 보낼 수 있다. **오션 바**Ocean Bar 롱 비치와 수영장 사이에 위치한 바. 간단한 음료를 즐기며 해변의 선베드에서 여유로운 시간을 만끽하기 좋다.

5성급
솔 바이 멜리아 Sol By Melia Phu Quoc

롱 비치 남쪽에 위치한 4~5성급 리조트들 가운데 공항과 가깝고 요금도 합리적인 곳이다. 부지가 넓고 수영장이나 레스토랑 등이 잘 갖춰져 있으며, 연식은 좀 오래돼 보이지만 객실도 깨끗하고 넓어서 편안하게 휴식하기 좋다. 요가, 수중체조, 수영강습, 비치발리볼, 탁구 등 성인들을 위한 액티비티와 키즈클럽 프로그램들이 알차게 준비돼 있어, 외부 활동 없이 호캉스를 즐기기에도 그만이다. 주변에 도보로 접근할 만한 레스토랑이나 기타 볼거리가 별로 없지만, 2km 거리에 소나시 쇼핑 거리 · 야시장이 있다. 호텔 정문 근처에 빈버스 정류장이 있어 편리하다. 호텔 자체적으로 공항 셔틀버스를 무료 운행하기도 한다.

주소 Zone 1, Duc Viet Tourist Area, Bãi Trường Complex, Dương Tơ, Phú Quốc
위치 롱 비치 남쪽 끝, 공항에서 차량으로 10분
요금 스탠다드 80$, 슈피리어 풀억세스 105$, 주니어스위트 오션뷰135$
전화 0297-3869-999
홈피 www.melia.com/en/hotels/vietnam/phu-quoc/sol-beach-house-phu-quoc

부대시설	전용해변, 수영장, 레스토랑 & 바, 스파, 피트니스센터, 비즈니스센터, 무료 공항셔틀
레스토랑 & 바	**올라 비치 클럽**Ola Beach Club 조식 외에도 지중해풍 해산물이나 스페니시 음식 등을 맛볼 수 있는 메인 레스토랑으로, 수영장과 해변이 보이는 넓은 전망이 쾌적하다. 루프톱에서는 멋진 일몰을 감상하며 칵테일을 즐길 수 있다. **쉑**Shack 스낵, 아이스크림, 샌드위치, 롤, 파스타 피자 등 다양하고 간편한 음식들을 즐길 수 있는 곳으로 멋진 해변 전망을 가지고 있다. **파파가요 풀 클럽**Papagayo Pool Club 수영장 옆에 위치한 흥겨운 분위기의 풀 바. 칵테일이나 달콤한 청량음료, 과일주스로 푸꾸옥 한낮의 열기를 식힐 수 있다. 운영 09:00~18:00 **진저 카페**Ginger Cafe 하루를 마치고 각자 방으로 돌아가기 전에 위스키나 칵테일을 마시며 분위기 있는 시간을 보내기 좋은 로비 바. 이곳에서 일행과 그날의 즐거웠던 일들을 가볍게 나눠보자. 운영 09:00~23:00

4성급

더 셸 리조트 & 스파 The Shells Resort & Spa

넓은 수영장과 프라이빗 해변, 잘 꾸며진 정원이 쾌적한 고급 리조트로 4성급이지만 5성급 호텔 못지않다. 특히 해변을 향해 있어 탁 트인 전망을 감상할 수 있는 디럭스룸은 넓은 공간이 고급스러운 가구들로 잘 꾸며져 있어 쾌적하게 머물 수 있다. 전반적으로 고급스러운 이미지 덕분에 가족 여행은 물론 커플 여행이나 허니문에도 좋다. 주변에 아무것도 없는 외딴 곳에 자리하고 있기 때문에 리조트 외에 다른 레스토랑을 이용하고자 할 때는 택시를 이용해야 하는 단점이 있다.

주소 Ganh Gio Beach, Khu 7, Phú Quốc
위치 옹랑 해변 북쪽 끝
요금 디럭스 225$, 스위트 260$, 빌라 208$
전화 0297-3718-888
홈피 shellsresort.com
메일 ecommerce @shellsresort.com

부대시설 수영장, 무료 공항셔틀

4성급

그린베이 리조트 Green Bay Phu Quoc Resort

옹랑 해변과 끄아깐 해변 북쪽 한적한 곳에 전용해변을 끼고 자리한 4성급 리조트로, 관리가 잘 되어 편안하게 묵을 수 있다. 나무가 우거진 넓은 정원과 아름답고 분위기 있는 레스토랑, 깨끗하고 프라이빗한 해변과 선베드가 장점이다. 인근에 도보로 갈 만한 레스토랑이나 바, 관광명소 같은 것이 전혀 없어서 답답할 수는 있다. 전체적인 규모는 크지 않지만 티 나지 않게 조금씩 확장공사를 진행하고 있다.

주소 Cửa Cạn, Phú Quốc
위치 끄아깐 해변 북쪽
요금 방갈로(정원전망) 130$, 방갈로(해변전망) 243$
전화 0297-6267-799
홈피 greenbayphuquocresort.com
메일 sales@greenbay phuquocresort.com

부대시설 수영장, 전용해변, 스파, 무료 공항셔틀

4성급

GPS 10.264498, 103.931306

카미아 리조트 & 스파 Camia Resort & Spa

옹랑 해변 근처에 위치한 4성급 리조트다. 이 일대는 오래전 개발돼 건물 연식은 오래된 편이지만 그만큼 자연환경이 좋고 정원 조성이 잘 돼 있어 자연친화적인 숙소를 찾는 사람들에게 큰 사랑을 받고 있다. 35개의 일반 객실과 빌라는 모던한 내부 인테리어로 불편함이 없고 깨끗하게 관리되고 있다. 바다와 연결되는 인피니티풀을 비롯해 2개의 수영장이 있으며, 프라이빗 해변은 규모가 작지만 그래서 더 아늑하게 느껴진다. 카미아 리조트의 레스토랑은 바다 위로 데크를 설치하고 야외 좌석을 마련해, 아름다운 일몰을 감상하며 식사를 즐길 수 있는 뷰 맛집으로도 유명하다.

부대시설 수영장(2개), 레스토랑(2개), 스파, 놀이터

주소 Đảo, To 3 Ông Lang, Phú Quốc
위치 옹랑 해변 근처, 즈엉동 야시장에서 차량으로 20분
요금 디럭스 가든뷰 100$, 빌라 오션뷰 160$, 2베트룸 빌라 250$
전화 0297-6258-899
홈피 www.camiaresort.com

4성급

GPS 10.207698, 103.962035

라주르 리조트 & 스파 L'Azure Resort & Spa

아직 한국인들 사이에서 입소문은 덜하지만 한 번 다녀간 사람들은 다시 찾고 싶어 하는 알짜 리조트다. 동남아 휴양지 분위기를 물씬 풍기는 자연친화적 숙소지만 객실은 모두 리노베이션을 마친 상태. 일반 객실과 단독 방갈로 스타일이 있는데, 비치프론트 빌라는 내 방에서 해변과 일몰을 볼 수 있어 인기가 많다. 라주르의 장점 중 또 하나는 위치. 1.5km 내 북쪽으로는 즈엉동 야시장이, 남쪽으로는 킹콩 마트가 위치해 있고, 유명 맛집, 마사지 숍 등 어디로든 접근성이 매우 좋다.

주소 64 Tran Hung Dao Duong Dong town Koh Phu Quoc
위치 즈엉동 내, 야시장에서 남쪽으로 1.2km
요금 디럭스 120$, 방갈로 210$, 디럭스 비치프론트 240$, 비치프론트 풀빌라 330$
전화 0297-399-4499
홈피 www.lazureresort.com

부대시설 수영장, 레스토랑 & 바, 스파, 키즈클럽, 무료 공항셔틀

3성급　　　　　　　　　　　　　　　**GPS** 10.206550, 103.965389

라하나 리조트 & 스파 Lahana Resort & Spa

섬이라고 해변을 낀 리조트만 있는 것은 아니다. 푸릇푸릇한 자연, 숲속에 들어온 듯한 느낌의 리조트에도 관심이 있다면 이곳을 놓치지 말자. 2ha 의 드넓은 부지에 수천 그루의 나무를 심고 해발 50m 높이에 대형 인피 니티풀과 파노라마 뷰 레스토랑을 둬 감탄이 절로 나는 정글 뷰를 즐길 수 있다. 모든 객실은 원목으로 꾸미고 발코니와 테라스를 둬 주변의 자 연을 온전히 느끼도록 했다. 성인용 수영장은 길고 수심이 깊어 제대로 수영하기 좋고 이른 아침부터 밤 10시까지 오픈해 프라이빗 해변이 없는 아쉬움을 달랜다. 해변까지 도보 10분 거리이며, 야시장을 비롯해 식당, 마사지 숍 등으로 접근성도 좋다.

주소 91/3 Đường Trần Hưng Đạo, Phú Quốc
위치 야시장에서 남쪽으로 1.7km
요금 스탠다드 60$, 디럭스 방갈로 75$, 디럭스 패밀리 110$, 2베드룸 빌라 280$
전화 0899-045-533
홈피 lahanaresort.com
메일 reservation@lahanaresort.com

부대시설 수영장(2개), 레스토랑 & 바, 스파, 피트니스센터, 자전거 대여

4성급　　　　　　　　　　　　　　　**GPS** 10.189897, 103.969496

엠 빌리지 M Village

가성비 좋고 위치도 괜찮아 알뜰 여행자들이 많이 찾는 4성급 리조트다. 야시장과 공항을 잇는 메인 도로에서 살짝 들어가 있어 시끄럽지 않으면 서도 어디로든 이동하기 편리하다. 즈엉동 마을처럼은 아니라도 주변에 숙소들이 많아 식당, 마사지 숍도 적지 않고 킹콩 마트도 도보 거리다. 해 변까지는 도보 5분이면 된다. 야자수가 우거진 리조트는 동남아 느낌이 물씬 풍기며, 수영장이 3개나 되어 리조트 내에서만도 휴양하기 좋다.

주소 91/3 Đường Trần Hưng Đạo, Phú Quốc
위치 공항에서 북쪽으로 6km
요금 코지 60$, 트로피칼 가든 70$, 엑조틱 조이 하우스 90$
전화 0297-3669-888
홈피 mhotel.vn/m-village-phu-quoc

부대시설 수영장(3개), 레스토랑 & 바, 스파, 피트니스센터

3성급

아르카디아 리조트 Arcadia Phu Quoc Resort

수영장은 없지만, 나무가 우거진 아늑한 정원과 가격 대비 넓고 깨끗한 빌딩 객실, 해변의 선베드를 갖추고 있어 저렴하고 위치 좋은 곳을 찾는다면 그 어느 곳보다 만족스러울 것이다. 정원의 방갈로형 객실은 단순하지만 무척 넓은 편이고 전망도 좋다. 오래되고 저렴한 숙소인 만큼 때에 따라 뜨거운 물이 잘 안 나온다든지 물이 샌다든지 하는 등 시설 면에서 부족한 점이 있다는 것은 고려하자. 주변에 저렴한 레스토랑과 여행사 등이 밀집해 있어 위치는 최상이다.

주소 Hèm 118 Trần Hưng Đạo, tổ 8, KP7, Dương Tơ, Phú Quốc
위치 흥다오 도로 중간의 존스 투어 맞은편 골목으로 진입
요금 스탠다드 29$, 디럭스(오션뷰) 41$, 방갈로 49$
전화 0297-2209-999
홈피 phuquocarcadiaresort.com

부대시설 선베드, 해변 레스토랑

2성급

푸옹빈 하우스 Phuong Binh House

방갈로 형태였던 옛 호텔을 완전히 없애고 수영장과 빌딩형 숙소로 탈바꿈했다. 기존의 아름다운 정원이 사라지고 콘크리트 빌딩이 생겼다고 실망하는 사람도 있다. 하지만 개인적으로는 해변을 끼고 있어 선베드를 이용할 수 있고, 작은 수영장도 있으며 선셋을 감상하기 좋은 레스토랑도 갖추고 있는 지금 형태가 더 마음에 든다. 에어컨과 엘리베이터가 있는 콘크리트 빌딩 숙소도 가격 대비 쾌적한 편이다. 수많은 여행사와 음식점, 해변 레스토랑이 가까워서 편리하다.

부대시설 수영장, 선베드, 해변 레스토랑

주소 Hèm 118 Trần Hưng Đạo, tổ 8, KP7, Phú Quốc
위치 아르카디아 리조트 인근
요금 슈피리어 42$, 디럭스 50$, 방갈로 80$
전화 0169-4481-538
홈피 phuongbinhhouse.com
메일 phuongbinhhouse@gmail.com

무엉탄 럭셔리 호텔 Mường Thanh Luxury Phu Quoc Hotel

4성급 호텔의 관리와 서비스를 기대하기는 힘들지만 푸꾸옥 내 4성급 호텔 중 가장 저렴한 곳으로, 회의실과 컨퍼런스룸을 갖추고 있어서 특히 단체 여행객이 이용하기에 편리한 곳이다. 공항에서 가까운 곳이라 늦은 시간에 도착하거나 일찍 떠나야 할 경우에 머물기 좋다. 해변과 가깝지만 아무런 시설이 없어서 해수욕하기엔 그다지 좋지 않다. 또한 해변을 향해 있는 객실의 전망은 좋지만 디럭스 트윈룸의 경우 모두 반대쪽 길가를 향하고 있다.

부대시설 수영장, 레스토랑 & 바, 스파, 피트니스센터, 가라오케, 회의실, 컨퍼런스룸

주소 Trần Hưng Đạo, Tổ 3, Ấp Đường Bào, Phú Quốc
위치 롱 비치 남쪽 끝, 공항에서 차량으로 10분
요금 디럭스 80$, 이그제큐티브 스위트 160$
전화 0297-3645-555
홈피 luxuryphuquoc. muongthanh.com
메일 info@muongthanh.vn

고디바 호텔 Godiva Hotel

해변을 끼고 있진 않지만 가격 대비 깨끗하고 쾌적한 방과 주방, 작고 아늑한 수영장을 갖추고 있어서 가족이나 장기 여행자들에게 사랑받는 곳이다. 방마다 비교적 넓은 부엌이 있어서 시장에서 저렴하게 구입한 새우나 생선을 마음껏 요리할 수 있다. 숙소가 밀집된 거리에 위치한 것은 아니어서 이동에 불편할 수 있지만 인근에 작은 레스토랑도 여러 개 있고 걸어서 5분 정도면 해변에 도달한다. 작고 비포장된 골목을 살짝 들어가야 해서 차량 이동은 조금 불편하다.

부대시설 수영장, 피트니스센터, 당구대, 조리 시설

주소 Tổ 2, Cửa Lấp, Trần Hưng Đạo, Dương Tơ, Phú Quốc
위치 공항에서 약 7km(차량으로 9분)
요금 디럭스 40$, 스위트룸 60$
전화 0297-3999-900, 093-4947-440
홈피 godivahotel.com
메일 godivavilla1710@gmail.com

나트랑 **Nha Trang**

동양의 나폴리, 나트랑을 소개합니다

파랗고 투명한 바다 옆에 자리한 6km의 길고 넓은 해변, 작은 섬들을 옮겨 다니는 흥겨운 투어 보트, 에펠탑처럼 우뚝 솟은 아홉 개의 기둥을 지나는 케이블카까지, 나트랑은 그야말로 **휴양지의 정석**이라고 할 수 있다. 과거에는 배낭여행자들 사이에서 저렴하게 즐기기 좋은 여행지로 손꼽혔다면, 최근에는 고급 호텔들과 근사한 레스토랑이 속속 들어서며 한가롭게 휴양을 즐기기 좋은 곳이 됐다.

빈원더스나 호핑 투어, 해수욕이나 머드 스파로 바쁜 하루를 보낸 후, 밤에는 시끌벅적한 클럽이나 분위기 좋은 라이브 바에서 자유롭게 즐겨보자. 휴양이 지겨워지면 힌두 왕조의 신비한 유적이 있는 언덕이나 거인이 다녀갔다는 혼쫑 곳을 방문해 보는 것도 좋다. 일 년에 300일 이상 햇살이 비치는 온화한 날씨의 해변에는 다양한 종류의 맛집이 있고, 수준급의 스파에서 저렴하게 마사지도 즐길 수 있다. 거의 완벽에 가까운 휴양지가 바로 이곳, 나트랑 아닐까?

★ History

참족어로 갈대 강이라는 뜻의 야짱^{Ya Trang}이라 불린 것에서 유래된 나트랑(베트남 발음으로 '냐짱')은 원래 참족 왕조가 지배하던 곳이었으나 17세기 베트남 왕조에 의해 멸망한 뒤 최근까지 거의 개발되지 않은 채 수많은 동물이 서식하는 원시적인 모습이었다고 한다.

나트랑은 20세기 초반부터 빠르게 발전하여, 아름다운 해변과 다양한 동식물이 서식하는 19개의 섬으로 인해 베트남에서도 가장 특별한 휴양지로 부상했다. 원래 저렴한 비용으로 부담 없이 숙소와 음식점, 다이빙 투어를 즐길 수 있는 곳에서, 세계적인 리조트가 곳곳에 들어선 고급 휴양지로 변모하고 있다. 한편 러시아 자본이 대거 투입되어 거리 곳곳에서 수많은 러시아어 간판을 볼 수 있다. 나트랑의 또 다른 명물, 빈원더스는 유통 기업이던 빈 그룹이 베트남 전역에 리조트 사업을 확장하는 계기가 됐다.

★ 여행 방법

나트랑 해변을 중심으로 호텔과 숙소, 레스토랑이 모여 있다. 남쪽의 혼쩨섬에는 빈펄 리조트가 있고, 그 외에도 세계적인 수준의 럭셔리 리조트들이 각각 분위기 좋은 전용해변에 자리하고 있다. 레스토랑이나 클럽을 밤새도록 이용하고 싶다면 나트랑 중심가에, 빈원더스를 마음껏 즐기고 싶다면 혼쩨섬에 묵자. 럭셔리하고 분위기 좋은 곳을 원한다면 취향에 맞는 리조트를 먼저 찾아보자. 유명 여행지답게 싱싱한 해산물 등 다양하고 수준 있는 음식을 즐길 수 있는 미식 여행, 온천과 마사지 숍을 중점으로 한 피로회복 여행도 좋다. 여행자들은 보통 오토바이를 렌트하거나 택시를 대절해 짧은 드라이브를 즐기고, 여행사의 다양한 투어를 이용한다. 혼쫑곶과 덤 시장, 빈원더스 선착장을 연결하는 5번 버스를 적절히 활용하는 것도 좋다.

INFORMATION
300일 이상 맑은 날! 나트랑의 날씨

★ 열대 몬순 기후
베트남의 남부는 계절풍의 영향을 받는 열대 몬순 기후대에 속한다. 그러나 나트랑은 가장 비가 많이 오는 10월과 11월에도 평균 10일 정도 간헐적인 비가 내릴 뿐이어서 일 년에 300일 이상 맑은 날씨가 지속된다. 가장 더운 6월에서 8월 사이에는 최고 33도, 가장 시원한 12월에 최고 27도의 평균 기온으로 일 년 내내 따뜻하고 편안한, 휴양에 최적화된 날씨를 유지한다.

★ 우기
몬순 기후의 영향으로 일 년의 반이 우기인 대부분의 베트남 남부 지역에 비해, 나트랑은 9월부터 11월까지 3달 정도만 습한 날씨가 지속된다. 이 시기에는 갑작스런 폭우와 태풍이 올 수 있으므로 되도록 나트랑 여행을 피하는 것이 좋다.

★ 건기
화창한 날씨를 원한다면 12월에서 8월까지가 가장 좋지만, 4월에서 6월 사이에는 기온이 높기 때문에 되도록 수영이나 해양스포츠 위주로 나트랑을 즐기는 것이 좋다. 12월에도 해수욕을 즐길 수 있지만 수온이 가장 낮은 시기이기 때문에 좀 더 몸을 활발하게 움직이는 액티비티 위주로 여행 일정을 정하는 것이 좋다. 나트랑 시내 곳곳을 둘러보기 가장 좋은 시기도 12월에서 1월 사이의 겨울로, 나트랑의 명물인 머드 스파를 즐기기에도 좋다. 나트랑을 여행하기 가장 좋은 시기는 2월에서 4월로, 기온은 26도에서 27도로 선선한 바람이 불고, 강수량 역시 연중 최저 수준 정도라 쾌적하고 화창한 날씨가 계속된다. 스쿠버 다이빙과 서핑, 수영 등 모든 종류의 액티비티에도 최고의 시기로 손꼽힌다.

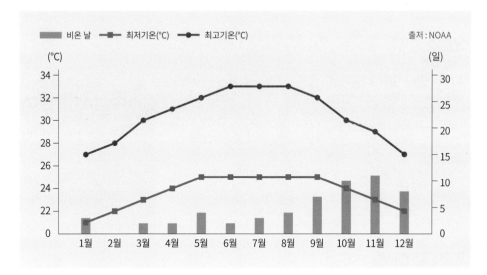

한눈에 보는
나트랑의 1년 평균 날씨

■ 비온 날 ■ 최저기온(°C) ● 최고기온(°C)   출저 : NOAA

어떻게 입고 갈까?
옷차림 & 나트랑 필수템

나트랑은 겨울인 12~1월을 포함해 일 년 내내 따뜻하고 화창한 날이 이어지므로 기본적으로 **여름옷**을 챙기면 된다. 겨울에는 해수욕 후나 해가 진 후의 쌀쌀한 공기를 막아줄 **겉옷**이 추가로 필요하다. 겉옷은 먼 곳을 여행할 경우 냉방 중인 차량에서도 유용하다. 한낮의 뜨거운 햇볕이 휴양지의 매력을 더하지만, 더위를 차단할 **얇은 가디건**과 **챙이 넓은 모자**, 그리고 **선크림**은 필수다. 시내의 사원에서는 소매가 없는 옷이나 반바지 복장은 출입을 막으므로 **긴 옷**도 하나쯤 챙기자. 특별히 복장을 규제하지는 않지만, 근사한 음악의 클럽과 스카이 바, 혹은 고급 레스토랑을 이용할 예정이라면 **격식 있는 의상**을 준비해가는 편이 훨씬 더 즐거울 것이다.
나트랑은 국제적인 휴양지이므로 비키니 등 어떤 **수영복**을 입어도 되지만, 베트남인들의 보수적인 시선은 감안해야 한다. 또 시내와 해변을 자유롭게 오가기 위해서는 **수영복 위에 입을 옷**도 준비해가자. 복합레저파크인 빈원더스에서도 워터파크와 놀이동산을 오가며 다양한 시설을 즐기게 된다.
여행지에서의 복장뿐만 아니라 5시간 남짓 하는 비행 중 입을 **편안한 옷**도 필요하다. 맨발로 주변에게 폐를 끼치지 않도록 **덧신**이나 **얇은 실내화**를 챙기는 것도 좋다.

수영복 & 걸칠 옷은
여름 기준으로!

사원 출입용
긴 치마나 바지

나트랑 드나들기

★ 비행기

국제선 항공

인천에서 나트랑 깜란 국제공항Cam Ranh International Airport으로 대한항공, 베트남항공, 제주항공, 진에어, 에어서울, 에어부산, 티웨이항공, 이스타항공, 비엣젯항공의 직항편이 운항하고 있다. 그 외, 부산, 청주, 대구 등에서도 직항편을 이용할 수 있다.

국내선 항공

하노이, 호치민, 하이퐁과 나트랑을 잇는 베트남 국내선이 운항된다.

베트남항공   www.vietnamairlines.com | 0297-3846-086
비엣젯에어   www.vietjetair.com | 1900-1866
뱀부 에어웨이스   www.bambooairways.com | 024-3233-323

★ 깜란 공항 ↔ 시내

나트랑의 국제공항은 2018년 새로 신축되어 깨끗하고 편리하다. 국제선에는 24시간 ATM 외에 은행, 사설 환전소, 유심칩 판매소, 여행사 등이 있다. 공항의 환율은 좋지 않으므로 필요하다면 당장 쓸 금액만 환전하자. 공항에서 나트랑 시내 중심가까지는 공항버스를 이용하자. 공항버스는 나트랑 해변과 리버티 센트럴 호텔을 지난다. 시내에서 공항으로 향하는 버스도 30분 간격으로 있으며 시내의 공항버스 정류장과 각 버스정류장에서 이용할 수 있다(버스에는 'Nha Trang-Sân Bay Cam Ranh' 혹은 AIRPORT BUS라고 표시되어 있다. 출발지 기준 04:30~19:55 운행). 택시를 이용할 경우, 미터기는 시내까지 50만 동 이상의 요금이 들기 때문에 탑승 전에 미리 흥정하는 것이 좋다. 낮에는 25만~30만 동. 저녁이나 밤에는 30~35만 동 정도로 흥정할 수 있다. '그랩' 애플리케이션을 이용하면 시내까지 보통 25만 동 정도로 책정된다.

공항버스
요금   1인 6만 5천 동
운영   공항 출발 시내행 05:30~23:00,
　　　 시내 출발 공항행 04:30~19:30
　　　 (시간 변동이 잦으므로 현지
　　　 재확인 필수)
전화   0966-282-388~9

나트랑 둘러보기

★ 버스

여섯 개의 시내버스 노선 중 나트랑 북쪽 해변인 혼쫑 해변과 덤 시장, 나트랑 시내와 나트랑 해변을 거쳐 빈원더스 선착장까지 연결하는 5번(5-1, 5-2) 버스(1인 8천 동, 07:00~22:00)와 뽀나가르 참탑 입구와 롱선사를 잇는 6번 버스(1인 8천 동, 05:35~19:00)가 유용하다.
시외버스는 보통 신투어리스트의 여행자버스나 풍짱버스를 이용한다. 시내의 사무실이나 홈페이지에서 예매할 수 있다.

내릴 때는
우리나라와 같이
하차벨을 누른다!

신투어리스트 www.thesinhtourist.vn │ +84-28-3838-9593~7
풍짱버스 www.futabus.vn │ 0283-8386-852

★ 택시

나트랑에는 베트남 전역에서 운행하는 비나선Vinason(흰색과 녹색), 마일린MaiLinh(녹색) 회사 택시 외에 아시아Asia(노란색), 꿕테Quoc Te(흰색과 파란색), 라도Lado(하늘색) 회사의 택시가 운행하고 있다. 회사 로고나 전화번호, 택시 일련번호를 확인해서 가짜 택시로 인한 피해를 입지 않도록 주의하자. 장거리 택시나 일일 투어를 원할 경우 가까운 여행사에 문의하거나 호텔 직원에게 택시를 불러달라고 하는 것도 방법이다. 나트랑의 일부 택시의 경우 택시 미터기 요금 뒤에 0을 더붙이는 등의 수법으로 바가지를 씌우므로 미터기를 정확하게 읽고 돈을 잘 세어서 주는 것을 잊지 말자.
'그랩' 애플리케이션을 이용해 회사 택시나 사설 택시를 이용할 수도 있다. 현재 위치가 비교적 정확하게 표시되고, 무엇보다도 도착지까지의 요금을 미리 예상할 수 있는 점이 편리하다. 나트랑 시내가 아닌 곳에서는 인근에 대기 중인 택시를 찾기 힘든 편이다. 또한 시내에서 공항으로 향할 때에는 호텔이나 인근 여행사에서 저렴하게 택시를 대절할 수 있으므로 미리 차량을 섭외해 놓는 것이 혹시 모를 불상사를 방지하는 길이다. 사설택시를 이용할 때는 반드시 그랩에 뜬 차량 번호와 동일한지부터 확인하자.

라도 택시 ladotaxi.com │ +84-9155-000-95(카카오톡 가능)

★ 렌트

오토바이나 스쿠터를 대여해(1일 10~20만 동) 인근을 둘러볼 수 있다. 하지만 베트남은 교통사고율이 무척 높은 편이므로 오토바이 운전에 능숙한 사람만 안전하게 이용하도록 하자. 여행사를 통해 운전기사가 딸린 차량을 대절할 수도 있다. 차량의 크기와 종류, 이동거리에 따라 가격이 달라진다.

피크타임 www.pieceofcreative.com │ 0507-1361-3268

나트랑에서 이것만은 꼭!

베트남에서 가장 발달한 휴양지이자 가장 큰 테마파크가 자리하고 있는 곳, 나트랑에는 이미 수많은 여행사와 레스토랑, 다양한 크기의 호텔까지 들어서 있어 걱정 없이, 여유롭게 여행을 즐길 수 있다. 그러나 나트랑 해변에 누워 있다 보면 시간이 말 그대로 '순삭'되므로 나트랑에서 꼭 하고 싶은 것을 한두 개 정도 미리 정해놓자.

★ 따뜻한 바닷속 여행~ 호핑 투어 & 스노클링

저렴한 가격으로 나트랑 인근 섬들을 둘러보는 호핑 투어는 이곳이 유명해지기 전부터 나트랑의 명물로 자리하고 있다. 그러나 수많은 여행자와 함께 한 배를 타고 움직이는 것이 싫다면 스노클링만 집중적으로 할 수도 있다. 화려하지는 않지만 따뜻하고 잔잔한 나트랑의 바다에서 즐거운 시간을 보내보자.

★ 바람을 느껴봐! 서핑

바위가 없는 넓고 부드러운 모래 사장과 규칙적인 파도, 따뜻한 수온 덕분에 나트랑의 자이 해변은 처음 서핑을 배우는 사람을 위한 최고의 포인트로 손꼽힌다. 최근에서야 조금씩 서핑 붐이 일고 있는 덕분에 거의 개인교습처럼 배울 수 있다. 안전하게, 그리고 제대로 서핑을 즐길 수 있는 기회!

★ 베트남 최고의 테마파크를 즐겨라!

베트남 최대의 복합 놀이동산인 나트랑의 빈원더스는, 점점 더 화려하고 다채롭게 변화하고 있다. 아름다운 해상 케이블카 외에도 최신 시설의 워터파크, 스릴 있는 놀이기구, 언덕을 오르내리는 에스컬레이터, 전망이 아름다운 레스토랑 등 즐길 거리가 차고 넘친다. 다만 사람이 많을 수 있으니 반드시 아침 일찍 입장할 것을 추천한다.

★ 난생 처음 스쿠버 다이빙에 도전!

나트랑은 수중 환경이 아주 특별하지는 않지만, 저렴하게 스쿠버 다이빙을 배울 수 있는 곳으로 이미 유명하다. 많은 다이빙 업체가 경쟁하는 덕분에 어느 곳을 선택해도 소규모 그룹으로 세심한 케어를 받으며 스쿠버 다이빙을 체험할 수 있다.

★ 냠냠~ 미식 여행

나트랑에는 다양한 종류의 레스토랑이 있으므로 베트남 음식뿐 아니라 새로운 음식을 경험할 수 있는 최고의 여행지이다. 한국에서는 부담스러운 가격의 파인 레스토랑도 저렴하게 즐길 수 있다.

★ 뒹굴뒹굴~ 해수욕 즐기기

나트랑에서 주된 일과는 당연히 해수욕이 되어야 한다! 푸른 바다를 보며 걱정 없이 늘어져 있자. 나트랑의 눈부신 햇살과 하얗게 부서지는 파도, 시원한 바람은 그간의 스트레스를 풀기에 충분하다. 하루 종일 뒹굴거려도 아무런 문제가 없는 하루가 당신을 기다리고 있다! 오늘만은 걱정 없이 즐기자!

★ 바, 클럽에서 춤추기

밤이면 나트랑 전체가 흥겨운 음악과 강렬한 불빛으로 번쩍인다. 한적하고 조용한 분위기를 선호한다면 나트랑 시내에서 떨어진 곳에 리조트를 잡는 것을 추천한다. 그러나 해가 진 뒤에도 흥겨운 거리는 나트랑 여행의 또 다른 이유이기도 하니, 일상을 벗어나 음악에 몸을 맡겨보는 건 어떨까?

★ 뜨끈뜨끈 머드 스파

나트랑의 머드 스파는 베트남 전역에 전파될 정도로 유명하다. 피부를 보드랍게 하는 머드 스파 그 자체로 좋지만, 아름답게 꾸며놓은 수영장에서도 최소한 한나절은 보내야 한다. 모르는 사람 여러 명이 한 탕에 들어가는 게 아니라 그때그때 새로운 머드를 부어주므로 위생에 신경 쓰는 사람도 걱정 없이 즐길 수 있다는 것 또한 장점!

★ 마사지는 필수!

스쿠버 다이빙이나 서핑을 즐긴 후에는 저렴하고도 수준 있는 마사지를 받으며 피로를 풀어보자. 가격도 무척 저렴해서 매일 즐겨도 부담 없다. 본격적인 마사지에 들어가기 전, 몸 상태나 압력 정도를 묻는 경우가 많으니 꼼꼼히 작성해서 내 몸에 꼭 맞는 마사지를 받자. 아플수록 효과가 좋은 것은 아니니, 만약 마사지 강도가 너무 세다면 살살 해달라고 꼭 이야기할 것!

★ 이국적인 풍경을 찾아서

대단한 유적이 있는 것은 아니지만, 나트랑에는 오래된 힌두 사원과 성당, 언덕 위 거대한 불상이 있는 불교 사원 등 다양한 볼거리가 있다. 드라이브를 떠나 알차게 시간을 보내보자. 유적지에서 바라보는 전망 또한 시원스러워서 가슴이 뻥 뚫릴 것이다! 모처럼의 여행인데, 휴식만은 지겹다는 당신에게 추천한다.

3박 5일 자녀와 함께하는 휴가

부모들은 자녀에게 보여주고 싶은 것도, 경험시켜 주고 싶은 것도 많다. 그러나 부모가 만족스러운 여행이어야 자녀에게도 즐거운 여행이 된다. 나트랑의 바다를 흠뻑 즐길 수 있는 스노클링, 화려한 놀이동산, 그리고 신나게 뛰어놀 수 있는 머드 스파까지! 부모도, 아이도 즐거운 장소만 꼽았다.

Day 1

[23:45] **나트랑 도착, 숙소 체크인**
인천–나트랑 대한항공편 기준

Day 2

[09:00] **빈원더스**(p.166)
아이와 함께라면 하루 종일 알차게 즐길 수 있는 빈원더스부터 둘러보자! 각종 놀이기구에서부터 잘 갖춰진 워터파크와 동물원, 해수욕장에 마련된 수상 놀이기구까지 돌아보려면 최대한 일찍 방문하는 것이 좋다. 조금이라도 선선한 오전에 동물원과 식물원, 놀이동산을 즐기자.

[13:00] **빈원더스 내에서 점심 식사**

[14:30] **빈원더스**
햇볕이 뜨거워지는 한낮에는 워터파크에서 더위를 식히자.

[17:00] **귀가 후 휴식**

[18:00] **저녁 식사**
랑응온(p.185)

> **Tip | 나트랑에 일찍 도착했다면?!**
> 바쁜 현대인들을 위해 꽉 찬 3박 5일 일정을 소개했다. 하지만 나트랑을 좀 더 즐기고 싶어서 나트랑에 오전 중 도착하는 비행기를 선택했다면 'TRY 5'를 참고하자. 무리하지 않고 해변을 거닐며 나트랑에 적응하는 것도 좋다.

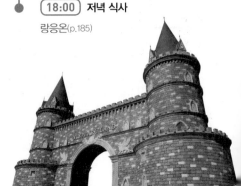

Day 3

09:00 **스노클링**(p.180)

바다를 한껏 즐길 수 있는 스노클링은 나트랑을 여행한다면 놓쳐서는 안 될 즐거움! 하지만 떠들썩한 호핑 투어는 아이들과 함께라면 맞지 않을 수도 있다. 스쿠버 다이빙 전문 숍에서 스노클링을 신청하면 안전하고 조용하게 스노클링을 즐길 수 있다.

12:00 **선상에서 점심 식사**

13:00 **귀가 후 숙소에서 휴식**

14:00 **해변 & 수영장 즐기기**

리조트 수영장이나 긴 나트랑 해변, 어디라도 좋으니 마음껏 해수욕을 즐겨보자. 숙소에 수영장이 없더라도 나트랑 해변에 있는 루이지애나 브루하우스Louisiane Brewhouse 수영장(p.199)에서 충분히 즐거운 시간을 보낼 수 있다.

18:00 **저녁 식사**

쉐라톤 해산물 뷔페(p.191)

20:00 **여행자 거리 & 나트랑 야시장**

대단한 규모는 아니지만, 소소한 볼거리가 있는 야시장을 둘러보며 나트랑의 밤을 즐겨보자. 다양한 먹거리 도전은 필수!

Day 4

09:00 **숙소 체크아웃 후 머드 스파**(p.182)

나트랑의 명물 머드 스파에는, 다양한 크기의 온천 수영장과 슬라이더, 선베드 등 즐길거리가 많으므로 아이와 함께 최고의 시간을 보낼 수 있다.

13:00 **머드 스파 내에서 점심 식사**

16:00 **기념품 쇼핑**(p.202)

18:30 **저녁 식사**

리빈 콜렉티브(p.194)

Day 5

00:50 **나트랑 공항 출발**

나트랑–인천 대한항공편 기준

3박 5일 연인과 떠나요~ 둘이서~

좋은 사람과의 여행에 적당한 짜릿함과 로맨틱한 분위기는 필수 요소! 사랑과 우정이 더욱 깊어지는 여행 코스를 추천한다. 낮에는 한가로이 해변을 거닐거나 액티비티를 하고, 밤에는 분위기 좋은 바에서 한껏 기분을 내보자.

Day 1

23:45 **나트랑 도착, 숙소 체크인**
인천–나트랑 대한항공편 기준

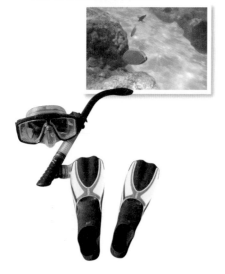

Day 2

09:00 **스노클링**(p.180)
바다를 한껏 즐길 수 있는 스노클링은 나트랑을 여행한다면 놓쳐서는 안 될 즐거움이다. 새로운 사람을 만나 어울리고 싶다면 호핑 투어, 오붓하게 시간을 보내고 싶다면 개별 스노클링 등 취향껏 선택하자.

12:00 **귀가 후 휴식**

18:00 **점심 식사**
놈놈 퓨전음식점(p.192)

15:00 **해변 & 수영장 즐기기**
리조트 전용해변의 선베드에 누워 따뜻한 햇살을 즐기고, 해수욕을 하면서 한가로이 시간을 보내보자. 숙소에 수영장이 없더라도 나트랑 해변에 있는 루이지애나 브루하우스Louisiane Brewhouse 수영장(p.000)에서 충분히 즐거운 시간을 보낼 수 있다.

18:00 **저녁 식사**
랑응온(p.185)

20:00 **불쇼 즐기기**
세일링 클럽(p.201)

Day 3

09:00 서핑(p.178)

한번도 서핑을 해보지 않았다면 초보자에게 최고의 서핑 포인트인 자이 해변에서 서핑을 배워보자. 서핑에 적절한 파도가 언제 올지 모르므로 업체에 메신저나 메일을 통해 미리 적당한 날짜를 문의하는 것이 좋다.

12:00 귀가 후 휴식

13:00 점심 식사

퍼 훙(p.187)

14:00 마트 구경(p.202)

친구들을 위한 기념품 쇼핑, 우리를 위한 각종 먹거리 구입까지! 살 것이 없더라도, 마트 구경은 그 자체로 즐겁다.

17:00 마사지

하루의 피로를 풀어주는 마사지는 안 받으면 손해!

18:00 저녁 식사

쉐라톤 해산물 뷔페(p.191)

21:00 스카이 바 즐기기

앨티튜드 루프톱 바(p.200)

Day 4

09:00 숙소 체크아웃 후
빈원더스(p.166)

떠나기 전 아쉬운 마음은 빈원더스로 날리자! 각종 놀이기구에서부터 잘 갖춰진 워터파크와 동물원, 해수욕장에 마련된 수상 놀이기구까지 돌아보려면 최대한 일찍 방문하는 것이 좋다. 조금이라도 선선한 오전에 동물원과 식물원, 놀이동산을 즐기자.

13:00 빈원더스 내에서 점심 식사

14:30 빈원더스

햇볕이 뜨거워지는 한낮에는 워터파크에서 더위를 식히자.

18:00 저녁 식사

가네쉬 인도 음식점(p.192)

Day 5

00:50 나트랑 공항 출발

나트랑–인천 대한항공편 기준

3박 5일 온 가족의 추억여행

부모님과 함께하는 여행은 뭐니 뭐니 해도 체력 안배가 중요하다! 무리하지 않으면서도, 남녀노소 좋아할 만한 장소를 엄선했다. 두고두고 기억되는, 만족도 높은 여행이 될 것이다. 나트랑 여행으로 이 세상 최고의 효자효녀가 되어보자!

Day 1

23:45 **나트랑 도착, 숙소 체크인**

인천–나트랑 대한항공편 기준

Day 2

09:00 **빈원더스**(p.166)

각종 놀이기구에서부터 잘 갖춰진 워터파크, 동물원, 시원한 경관의 관람차와 해상 케이블카 등 모든 연령대를 만족시킬 수 있는 복합 테마파크로, 온 가족의 여행에도 안성맞춤이다.

13:00 **빈원더스 내에서 점심 식사**

14:30 **빈원더스**

햇볕이 뜨거워지는 한낮에는 워터파크에서 더위를 식히자.

17:00 **귀가 후 휴식**

18:00 **저녁 식사**

랑응온(p.185)

Day 3

09:00　스노클링(p.180)

바다를 한껏 즐길 수 있는 스노클링은 나트랑을 여행한다면 놓쳐서는 안 될 즐거움이다. 부모님의 연세가 있다면 적은 인원으로 팀을 꾸리고, 친절하고 꼼꼼하게 장비 사용법을 가르쳐 주는 업체를 선택하자.

12:00　선상에서 점심 식사

13:00　귀가

14:00　해변 & 수영장 즐기기

리조트나 긴 나트랑 해변 어디서든 마음껏 해수욕을 즐겨보자. 숙소에 수영장이 없더라도 나트랑 해변에 있는 루이지애나 브루하우스Louisiane Brewhouse 수영장(p.199)에서 충분히 즐거운 시간을 보낼 수 있다

18:00　저녁 식사

쉐라톤 해산물 뷔페(p.191)

20:00　여행자 거리 & 나트랑 야시장

소소한 볼거리가 있는 야시장을 둘러보며 나트랑의 밤을 즐겨보자.

Day 4

09:00　숙소 체크아웃 후 나트랑 시내 투어

오래된 힌두 사원과 불교사원, 작지만 아름다운 성당 등 소소한 볼거리가 있는 나트랑 시내를 둘러보자.

13:00　점심 식사

퍼 홍(p.187)

14:00　마트 구경(p.202)

친구들을 위한 기념품 쇼핑, 우리를 위한 각종 먹거리 구입까지! 살 것이 없더라도, 마트 구경은 그 자체로 즐겁다.

17:00　마사지

하루의 피로를 풀어주는 마사지는 안 받으면 손해! 인원이 많을 경우, 아침 일찍 예약해 놓는 것을 추천한다.

19:00　저녁 식사

짜오마오(p.193)

Day 5

00:50　나트랑 공항 출발

나트랑–인천 대한항공편 기준

3박 5일 모험가의 액티비티 여행

새로운 것을 보고 즐기는 것이야말로 여행의 묘미가 아닐까? 나트랑에서 꼭 경험해야 할 액티비티와 색다른 음식 등을 한데 모았다. 나트랑의 모든 것을 즐기고, 뿌듯하게 집으로 돌아가자. 한가롭지만 바쁜(?) 나트랑에서의 나날이 두고두고 떠오를 것이다.

Day 1

(23:45) **나트랑 도착, 숙소 체크인**

인천–나트랑 대한항공편 기준

Day 2

(09:00) **서핑**(p.178)

한 번도 서핑을 해보지 않았다면 초보자에게 최고의 서핑 포인트인 자이 해변에서 서핑을 배워보자. 서핑에 적절한 파도가 그때그때 달라지므로 업체에 메신저나 메일을 통해 미리 적당한 날짜를 문의하는 것이 좋다.

(12:00) **귀가 후 휴식**

(13:00) **점심 식사**

랑응온(p.185)

(14:00) **해변 & 수영장 즐기기**

리조트나 긴 나트랑 해변, 어디서라도 좋으니 마음껏 해수욕을 즐겨보자. 숙소에 수영장이 없더라도 나트랑 해변에 있는 루이지애나 브루하우스Louisiane Brewhouse 수영장(p.199)에서 충분히 즐거운 시간을 보낼 수 있다.

(18:00) **저녁 식사**

넴느엉 부탄안(p.189)

(21:00) **여행자 거리 & 나트랑 야시장**

소소한 볼거리가 있는 야시장을 둘러보며 나트랑의 밤을 즐겨보자.

(22:00) **스카이 바 즐기기**

스카이라이트(p.201)

Day 3

(09:00) **스쿠버 다이빙**(p.176)

이왕 휴양도시에 왔으니, 바다를 더 확실하게 느낄 수 있는 스쿠버 다이빙을 배워보자. 나트랑은 오래 전부터 저렴하게 스쿠버 다이빙을 배울 수 있는 곳으로 유명하다.

(12:00) **선상에서 점심 식사**

(13:00) **귀가 후 휴식**

(14:00) **시내 투어 & 쇼핑**

오래된 힌두 사원과 불교사원, 작지만 아름다운 성당 등 소소한 볼거리가 있는 나트랑 시내를 둘러보자. 볼거리 중간중간에 위치한 마트에서 소소한 기념품을 사도 좋다.

(19:00) **저녁 식사**

분짜 홍브엉(p.188)

(20:00) **불쇼 즐기기**

세일링 클럽(p.201)

Day 4

(09:00) **숙소 체크아웃 후 빈원더스**(p.166)

모험가라면 마지막까지 열정을 불태워보자! 각종 놀이기구에서부터 잘 갖춰진 워터파크와 동물원, 해수욕장에 마련된 수상 놀이기구까지 돌아보려면 최대한 일찍 방문하는 것이 좋다. 조금이라도 선선한 오전에 동물원과 식물원, 놀이동산을 즐기자.

(13:00) **빈원더스 내에서 점심 식사**

(14:30) **빈원더스**

햇볕이 뜨거워지는 한낮에는 워터파크에서 더위를 식히자.

(18:00) **마사지**

놀이동산에서 격하게 즐겼으니 이제는 마사지를 받으며 쌓였던 피로를 풀어보자. 몸이 가뿐해질 것이다.

(19:30) **저녁 식사**

쭈언쭈언 킴(p.186)

Day 5

(00:50) **나트랑 공항 출발**

나트랑-인천 대한항공편 기준

★

TRY 5

4박 5일 꽉 채워 즐기는 여행

나트랑과 인천을 잇는 베트남항공은 대한항공편보다 훨씬 저렴한데도 저가항공편보다 좋은 서비스를 제공한다. 인천에서 이른 시간에 출발하기 때문에 대중교통을 이용할 수 없다는 단점이 있으나 나트랑에서의 시간을 가장 알차게 보낼 수 있다. 새벽에 인천공항까지 이동하는 것이 부담스럽다면 인천공항 내의 24시간 사우나 등을 이용하자.

Day 1

09:50 나트랑 도착, 숙소 체크인

인천–나트랑 베트남항공편 기준

13:00 점심 식사

랑응온(p.185)

13:00 빈원더스(p.166)

보통 액티비티와 일일 투어가 오전에 이루어지므로, 첫날에는 직접 찾아갈 수 있는 빈원더스를 방문하자. 빈원더스 자체가 워낙 볼거리와 즐길 거리가 많으므로 놀이동산을 좋아한다면 최대한 서둘러야 한다. 놀이동산은 저녁 시간에도 운행하지만 워터파크는 낮에만 이용할 수 있다.

18:00 빈원더스 내에서 저녁 식사

21:00 숙소 도착 후 휴식

Day 2

09:00 스노클링(p.180)

바다를 한껏 즐길 수 있는 스노클링은 나트랑을 여행한다면 놓쳐서는 안 될 즐거움이다. 새로운 사람을 만나 어울리고 싶다면 호핑 투어, 오붓하게 시간을 보내고 싶다면 개별 스노클링 등 취향껏 선택하자.

12:00 선상에서 점심 식사

13:00 귀가 후 휴식

14:00 리조트 수영장 즐기기

가성비 좋은 나트랑의 리조트 수영장을 마음껏 즐겨보자. 숙소에 수영장이 없다면 나트랑 해변에 있는 루이지애나 브루하우스Louisiane Brewhouse 수영장(p.199)을 이용하자.

18:00 저녁 식사

쉐라톤 해산물 뷔페(p.191)

20:00 여행자 거리 & 나트랑 야시장

소소한 볼거리가 있는 야시장을 둘러보며 나트랑의 밤을 즐겨보자.

Day 3

(08:00) **족렛 해변**(p.175)

나트랑의 화려한 도심을 떠나 한적한 해변을 즐겨보자. 그중에서 나트랑 북쪽의 족렛 해변은 하얗고 완만한 모래사장 덕분에 많은 사람들에게 인기 있는 곳이다. 오후에는 많은 관광객으로 북적이므로 주의!

(13:00) **점심 식사**

가네쉬 인도 음식점(p.192)

(14:00) **해변 즐기기**

나트랑 시내 바로 옆에 위치한 긴 해변은 길게 이어지는 선베드와 각종 노점들 덕분에 흥겨운 분위기를 만끽할 수 있다.

(18:00) **저녁 식사**

짜오마오(p.193)

(20:00) **디제이 바 즐기기**

해피 비치 클럽(p.198)

Day 4

(08:00) **나트랑 시내 투어**

로컬 시장, 고대 힌두 사원과 불교사원, 작은 성당 등 소소한 볼거리를 둘러보자.

(13:00) **나트랑 시내에서 점심 식사 및 카페 즐기기**

놈놈 퓨전음식점(p.192), 콩 카페(p.195)

(15:00) **마트 쇼핑**(p.202)

강한 햇볕이 따가운 한낮에는 역시 시원한 에어컨이 나오는 쇼핑몰이 최고! 하나씩 구입하다 보면 어느새 하루 종일 머물게 되므로 쇼핑 시간을 미리 정해놓자.

(18:30) **저녁 식사**

리빈 콜렉티브(p.194)

(20:30) **나트랑 야경 즐기기**

앨티튜드 루프톱 바(p.200)

Day 5

(09:00) **숙소 체크아웃 후 머드 스파**(p.182)

다양한 크기의 온천 수영장과 슬라이더, 선베드와 머드 스파 등을 충분히 즐기자.

(21:30) **나트랑 공항 출발**

나트랑–인천 베트남항공편 기준

M 센 스파

후에 ● 다낭
호이안 ●

베트남
Vietnam

나트랑 ○

호치민 ●

뽀나가르 참탑 ●

로컬 시푸드
음식점 밀집 지역

혼쫑 곶

혼쫑 해변(750m) ●
도 시어터(5km) ●
화란섬 & 원숭이섬(19km) ●
족렛 해변(46km) ●
랄리아 닌반 베이(19km) **H**
식스센스 닌반 베이(19km) **H**
아미아나 리조트 & 스파(6km) **H**
싱글핀 서프 스쿨(1km) **A**
아이리조트 머드 스파(5km) **A**

썬뚝 다리

R 락깐

덤 시장 ●

넴느엉 부탄안 **R**

M 퓨어 베트남

H 미켈리아 호텔

알렉산드르
예르생 박물관

H 선라이즈 호텔

R 롱까께오
S 고! 나트랑(1km)

S 롯데마트

롱선사 ●

나트랑 기차역 🚉

짠 퍼 63 **R**
KFC

나트랑 대성당 ●

롯데마트 **S**
Ⓛ

골드 코스트 몰 **S**

S 나트랑 센터

KFC

쭈언쭈언 킴 **R**

H 쉐라톤 호텔

N 앨티튜드 루프톱 바
R 피스트 뷔페 레스토랑

R 콩 카페

H 인터컨티넨탈 호텔

양바이 폭포(40km) ●

퍼 홍 **R**

R 안 커피 로스터

베트남 액티브 **A**
썸머이 시장 ●

S 빈컴
플라자
레탄똔

N 해피 비치 클럽
H 하바나 나트랑 호텔

음식점 & 카페
밀집 지역
65번지 과일 가게 **R**

R 올리비아 이탈리안 레스토랑

N 스카이라이트
R 아이스드 커피

안 카페 **R**

흥 왕 사원 ●
안 카페 **R**

A 나트랑 시스타

R 리빈
콜렉티브

H 그린월드 호텔

짜오마오 **R**
하이카우 **R**

H 레갈리아
골드 호텔

H 노보텔

랑응온 **R**

리버티 **H**
센트럴 호텔

⚓ 나트랑 해변

N 세일링 클럽

나트랑 여행자 거리(p.157)

해양박물관(3km) ●
꺼우다 선착장 & 혼째섬(3km) ●
빈원더스 나트랑 & 빈펄 리조트(7km) ●
자이 해변(27km) ●
깜란 국제공항(33km) ✈
나트랑 메리어트 리조트 & 스파(7km) **H**
미아 리조트(16km) **H**
더 아남(22km) **H**
퓨전 리조트(29km) **H**
혼땀 머드 스파(10km) **M**

N 루이지애나
브루하우스

N
S

Le Thành Tôn

Nguyễn Thị Minh Khai

Trần Phú(쩐푸 거리)

N

나트랑

나트랑 여행자 거리

N

음식점 & 카페 밀집 지역

ℝ 분짜 홍브엉

• 야시장 거리

ℝ 키와미

ℝ 꽌 분까 민

ℝ 반미판

ℍ 사타 호텔

• 시청

ℝ 브이 프루트

ℝ 과일 가게

ℝ 미쉐

ℍ 그린월드 호텔

Nguyễn Thị Minh Khai

Nguyễn Thị Minh Khai

ℍ 레갈리아 골드 호텔

ℝ 콩 카페

이비스 스타일 나트랑 ℍ

갈리나 호텔 머드 스파 Ⓜ

ℍ 메이플 호텔 & 아파트먼트

ℍ 노보텔

Trần Phú(쩐푸 거리)

Hùng Vương

Nguyễn Thiện Thuật

고시아 호텔 ℍ

무엉탄 호텔 ℍ

나트랑 해변 Ⓗ

ℍ 에델레 호텔

• 신 투어리스트 여행사

Biệt Thự

ℝ 가랑갈

바이크 → 수리 & 렌트숍

ℝ 쭉 린 2

Biệt Thự

ℝ 리버티 센트럴 호텔

Biệt Thự

Hùng Vương

아이스드 커피 ℝ

Nguyễn Thiện Thuật

메이플 립 호텔 ℍ

ℝ 가네쉬 인도 음식점

세일링 클럽 Ⓝ

Ⓢ 빈컴 플라자 쩐푸

경찰서 •

Trần Phú(쩐푸 거리)

ℝ 농농 퓨전 음식점

병원 •

★★★

뽀나가르 참탑 Tháp Bà Ponagar 🔊) 탑 바 뽀나가르

GPS 12.265413, 109.195389

참 왕조 시대에 건설된 힌두 사원으로, 힌두의 바가바티^{Bhagavati} 여신 또는 두르가^{Durga} 여신을 일컫는다고 알려진 **얀 뽀나가르**^{Yan Po Nagar} 여신에게 봉헌된 곳이다. 참 왕조의 사트야바르만^{Satyavarman} 왕이 외국인에게서 이 지역을 재탈환하고 손상된 사원을 복구한 기록으로 처음 문헌에 등장하는데, 시바의 상징물인 무카링가^{Mukhalinga}와 천사의 얼굴이 금은보화로 장식되어 있었으나 외국인에게 도둑맞고 링가가 파괴되었다고 한다. 이후 여러 왕이 링가를 보수하고 각종 금은보화를 기부했으며, 인드라바르만 3세는 금으로 된 여신상을 봉헌하기도 했으나, 이 역시 도둑맞고 오늘날에는 새로이 만들어진 석상이 전해진다. 현재 여신을 기리는 축제가 열리고 힌두교와 불교 주신들의 석상이 모셔져 있다.

꾸 라오^{Cù Lao}산에 위치한 사원은 3개의 층으로 되어 있다. 입구의 매표소에서 표를 끊어 입장하면 그리스 신전이 연상되는 기둥들을 지나 나지막한 언덕 위로 오를 수 있다. 언덕 위쪽에는 세 기의 탑이 나란히 서 있고 그 옆에 작은 탑이 하나 더 있다. 가장 중요한 탑은 **뽀나가르 여신이 중심에 다리를 꼬고 앉아 있는 25m의 탑**으로, 다양한 아이템을 들고 있는 열 개의 팔이 인상적이다. 연구에 의하면 이 열 개의 팔에 들려 있는 아이템은 힌두 여신 두르가의 권능을 상징한다고 한다. 사원 바깥쪽 입구 윗면에는 또 다른 여신이 있다. 소를 탄, 네 개의 팔을 가진 여신은 10~11세기 짜끼에우 스타일로 손에는 자귀와 연꽃, 곤봉을 들고 있다. 나머지 세 기의 탑 역시 중앙에는 시바를 상징하는 링가와 요니가 결합된 형태인 링가요니가 모셔져 있고, 해가 뜨는 동쪽을 향해 입구가 나 있다.

나트랑 시내에서 약간 떨어진 언덕에 위치한 이 유적은 볼거리가 아주 많은 것은 아니지만, **강과 바다가 보이는 시원한 전망**이 멋지고 그리 넓지 않은 규모로 쉽게 둘러볼 수 있어 부담 없이 들르기 좋다. 해변과 휴양에 질렸다면 이 색다른 볼거리부터 찾아가 보자.

주소 61 Hai Tháng Tư, Vĩnh Phước, Nha Trang
위치 나트랑 시내에서 북쪽 4km
운영 06:00~17:30
요금 3만 동

> **Tip** | 신전에서는 예의를 갖추자!
>
> 뽀나가르 참탑과 롱선사에 입장하려면 긴팔, 긴 바지 등 사원에 적절한 복장을 갖추어야 한다. 뽀나가르 참탑에서는 복장을 준비하지 못한 사람을 위해 무료로 가운을 대여해 주기도 한다.

GPS 12.250198, 109.180161

롱선사 Chùa Long Sơn ◀)) 쭈어 롱선 (용산사 隆山寺)

짜이 투이Trại Thủy산 아래 아늑하게 자리한 사원으로, 베트남 독립운동에 헌신하던 틱응오찌Thích Ngô Chí 선사가 1886년에 설립했다. 원래는 현재 흰 석가모니 불상이 자리한 언덕 꼭대기에 세워졌으나, 태풍으로 사원이 파괴된 후 지금의 자리에 새로 지어졌다. 이후 파괴와 재건을 반복해 현재의 모습에 이르렀는데, 대웅전 뒤쪽으로 152개의 계단을 오르면 21m 크기의 흰색 콘크리트 불상(석가모니 불상)을 볼 수 있다. 대웅전이 자리한 아름다운 정원을 거쳐 천천히 계단을 오르며 커다란 와불상과 종각을 둘러보자. 언덕 위에서는 나트랑 도심이 한눈에 내려다보이는 시원한 풍경이 펼쳐진다.

언덕 위 우뚝 솟은 석상은 기차나 차량으로 나트랑에 들어설 때 가장 먼저 눈에 띄어서, 나트랑의 상징적인 역할을 하고 있다.

주소 22 Đ. 23 Tháng 10, Phường sơn, Nha Trang
위치 나트랑 기차역에서 서쪽 400m
요금 무료
전화 0258-3822-558

> **Tip | 향 선물하는 사람을 조심하세요~**
>
> 사원에 올라가는 입구에서 마치 무료라는 듯 향을 나눠주고, 나중에 향 값으로 비싼 돈을 요구하는 사람들이 있다는 소식이다! 안 줘도 상관없는 돈이긴 하나, 당황스러운 상황을 겪지 않으려면 애초에 향을 받지 않는 것이 마음 편하다.

★★☆

나트랑 대성당 Nhà Thờ Chánh Tòa Kitô Vua ◀)) 냐터 짠 또아 끼또 부어

나트랑에서 가장 큰 교회로, 1933년 프랑스인 루이스 밸리Louis Valley 신부에 의해 네오 고딕 양식으로 건설되었다. 낮은 언덕 위에 세워진 성당은 색색의 스테인드글라스 창문과 번쩍이는 네온사인으로 화려하다. 교회 외부는 마리아 상을 비롯한 수많은 성자들의 석상으로 장식되어 있다. 교회 옆쪽으로는 루이스 밸리 신부를 포함한 4천여 개의 무덤이 있는데, 원래 교회 맞은편에 위치했던 묘지가 기차역의 확장으로 인해 교회 내부로 이전된 것이다. 교회 한쪽의 시계탑에 자리한 3개의 종은 1789년 프랑스에서 제작, 공수된 것으로 오늘날까지 사용되고 있다.

주소 62/8 Thái Nguyên, Nha Trang
위치 나트랑 센터에서 서쪽 1km
운영 08:00~11:15, 14:30~16:15
요금 무료

> 햇빛에 반짝이는
> 스테인드글라스를 보자!

★☆☆

알렉산드르 예르생 박물관 Bảo Tàng Alexandre Yersin ◀)) 바오땅 알렉산드르 예르생

예르생 박사는 프랑스와 스위스 국적이지만 베트남 사람들의 존경을 받는 인물이다. 스위스에서 태어난 그는 프랑스 파리에서 다양한 의학적 성취를 얻은 뒤 베트남 나트랑에 정착하여 이곳을 제2의 고향으로 삼았다. 파리의 연구원 시절에 결핵균의 구조를 발견해 자신의 이름을 붙였으며, 디프테리아 독소를 발견하기도 한 박사는, 각종 질병 연구에 관한 업적 외에도 동남아시아에서 최초로 의학 대학(현 하노이 의학대학)을 설립하고 나트랑과 달랏, 하노이에 파스퇴르 연구소를 세우는 등 베트남 의학 발전에 일생을 바쳤다. 이 박물관은 파리 파스퇴르 박물관의 도움으로 지어졌는데, 작은 방 안에 그가 사용하던 현미경이나 시계, 가구 등이 전시되어 있다.

주소 20 Trần Phú, Xương Huân, Nha Trang
위치 나트랑 센터에서 북쪽 400m
운영 월~금 07:30~11:30, 14:00~17:00
　　　(토~일요일 휴무)
요금 성인 2만 동, 학생 1만 동, 어린이 5천 동
전화 0258-382-9540

해양박물관 Bảo Tàng Hải Dương Học Vn ◀)) 바오땅 하이즈엉혹 베트남

나트랑 선착장 인근에 위치한 해양박물관으로, 저렴한 가격으로 다양한 해양 동물을 구경할 수 있다. 최신 설비가 된 아쿠아리움에 비할 수는 없지만, 베트남 최대 해양 연구소의 부속 박물관답게 각종 거북이나 신기한 모습의 어류를 직접 내려다볼 수 있는 야외 수족관이 있고, 그 뒤쪽 건물에는 색색이 다양한 모습의 열대어들이 가득한 수족관이 진열되어 있다. 일반 아쿠아리움과 다르게 다양한 해양 생물 표본 자료가 전시되어 있어 베트남 해양 생물을 이해하고, 과학자로서의 꿈을 기를 수 있는 곳이다. 거대한 듀공의 뼈 표본이나 박제된 상어, 수많은 해양 생물의 표본을 보며 해양 연구에 대한 열정을 불태워 보자.

주소 Cầu Đá, Vĩnh Nguyên, Nha Trang
위치 빈펄 케이블카 선착장에서 북쪽 1km
운영 06:00~18:00
요금 성인 4만 동, 학생 2만 동, 6세 미만 혹은 1.2m 미만 어린이 무료
전화 0258-359-0048
홈피 vnio.org.vn

발견 당시 길이 18m, 무게 10t이 넘었다는 고래의 뼈!

Tip | 나트랑의 수족관

나트랑에는 해양박물관 외에도 빈원더스 내 수족관과 나트랑 인근 섬에 위치한 수족관이 있다. 그중 빈원더스 내 수족관이 가장 잘 관리된 편이며, 해양박물관 역시 크게 세련되진 않아도 바다거북이나 거대한 고래 뼈 등 볼거리가 꽤 있는 편이다. 호핑 투어 시 들르게 되는 수족관은 평판이 좋지 않으므로 수족관을 무척 좋아하는 것이 아니라면 굳이 돈을 내고 방문할 필요는 없다.

161

화란섬 & 원숭이섬 Đào Hoa Lan & Đào Khì ◀)) 다오 호아 란 & 다오 키

GPS 12.360704, 109.212660

아이를 동반한 여행객들이 많이 찾는 미니 식물원 겸 동물원이라 할 수 있는 곳이다. 화란섬은 무성한 열대 숲을 정원처럼 다듬고 예쁜 산책로를 조성한 후 난초를 비롯해 다양한 꽃과 구조물들을 세워 사진 찍기 좋다. 하지만 코끼리 타기, 뱀과 사진 찍기, 사슴 먹이 주기 등의 체험(유료)이 가능하고 타조, 독수리 등이 선사하는 버드 쇼도 볼 수 있다.

원숭이섬 역시 화란섬 못지않게 조경을 잘해두었는데, 화란섬과의 차이는 바로 원숭이! 섬 전체를 자유롭게 돌아다니는 원숭이를 만날 수 있다. 사람에게 길들여지지 않은 원숭이들은 관람객의 소지품(하물며 카메라나 스마트폰까지)을 빼앗아 달아나기도 하는데, 이런 극한(?) 상황을 즐기러 오는 사람들이 많다. 매일 3회 열리는 원숭이 쇼는 이 섬의 하이라이트인 만큼 놓치지 말자. 두 섬 모두 물 맑고 풍경도 아름다워 수영을 즐기기에 그만이다. 프라이빗 비치가 없는 숙소에 머문다면 수영복도 꼭 준비해가자.

주소 Lương Sơn, Nha Trang
위치 나트랑 시내에서 북쪽으로 17km 떨어져 있는 롱푸 선착장에서 배를 탄다.
운영 07:30~16:30(롱푸 선착장에서 보트 운행은 화란섬 10시, 원숭이섬 15시까지)
요금 화란섬 24만 동, 원숭이섬 18만 동, 화란섬+원숭이섬 33만 5천 동
전화 0941-267-267
홈피 longphutourist.com

> **Tip | 화란섬 & 원숭이섬 가는 법**
>
> 섬으로 가는 배를 타려면 롱푸 선착장Bến tàu du lịch Long Phú까지 가야 한다. 택시로는 편도 25~30만 동. 시내로 돌아올 때 택시 잡기가 힘들기 때문에 같은 기사에게 미리 말해두는 게 좋다. 나트랑 시내에서 12번 버스를 타면 롱푸 선착장까지 갈 수 있다. 단, 배차 시간이 길다는 단점이 있다. 이도 저도 아니라면, 점심도 주고 나트랑 시내에서 오가는 교통편을 신경 쓸 필요가 없는 1일 투어를 이용한다.

화란섬

화란섬

원숭이섬

원숭이섬

도 시어터 Nhà hát Đó ◀) 냐 핫 도

저녁 시간을 알차게 보내려는 사람들이 선택할 수 있는 베트남 전통공연
으로 수상인형극이 있다. 이는 베트남 북부 농촌 지방에서 12세기 이전
부터 이어져 온 것으로, 하노이가 가장 유명하지만 해외 여행객들이 많이
찾는 나트랑에서도 볼 수 있었다. 팬데믹 이전까지는 말이다. 하지만 최근
나트랑 북쪽 빈하이 지역에 새로 들어선 도 시어터에서 〈라이프 퍼펫Life
Puppets〉이라는 인형극이 재개되었다. 기존의 수상인형극이 수중에서만
이뤄지는 것에 반해, 일반 무대와 공중 공간까지 폭넓게 사용하고, 대나무
와 실로 연결해 조종하는 목각인형 외에도 그림자 인형과 애니메이션, 현
대무용수들이 투입돼 좀 더 다양한 볼거리를 제공한다. 베트남 전통 음악
에 서양 음악을 접목한 오케스트라의 라이브 연주 역시 새로운 시도라 할
수 있다.

주소 Phạm Văn Đồng, Vĩnh Hải,
　　 Nha Trang
위치 나트랑 시내에서 북쪽 10km
운영 수·금~일 18:00~19:00
요금 35만 동~(좌석에 따라 다름)
전화 0348-660-823
홈피 lifepuppets.show

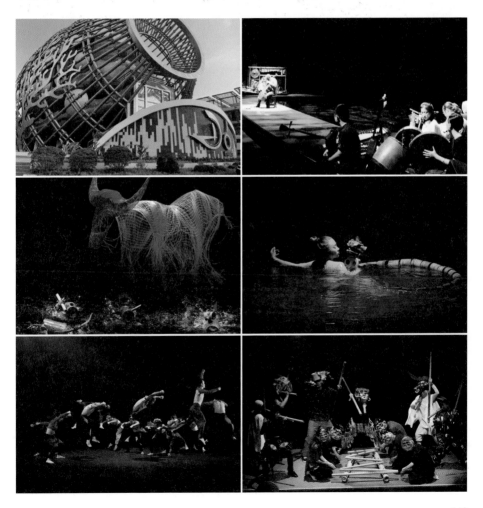

덤 시장 Chợ Đầm ◀) 쪼 덤

나트랑 현지인들의 삶을 엿볼 수 있는 시장은 시내 곳곳에 있지만 그중에서도 덤 시장은 가장 큰 규모로 외국인이 특히 많이 방문하는 곳이다. 2층으로 된 건물에서 싱싱한 해산물과 인근의 논밭에서 재배한 채소, 과일에서부터 그릇이나 바구니 등의 생필품까지 다양한 물건을 구경할 수 있다. 그러나 외국인에게는 바가지가 심하고 불친절해 흥정이 쉽지 않으니 현지인의 '기분'만 느껴보는 걸 추천한다.

주소　Bến Chợ, Vạn Thạnh, Nha Trang
위치　나트랑 센터에서 북서쪽 1km
운영　05:00~18:30

썸머이 시장 Chợ Xóm Mới ◀) 쪼 썸머이

덤 시장은 외국인에게 많이 알려져 원하는 물건을 좋은 가격에 사기가 힘들어진 반면, 이곳은 아직 현지인 위주의 시장이어서 좀 더 편안하게 둘러볼 수 있다. 아케이드 형태의 시장 한가운데에서 각종 농수산물을 팔고 그 주변으로 옷감이나 생필품을 파는 가게들이 있으며 가장 바깥쪽에는 과일가게가 포진해 있다. 이곳에도 마찬가지로 '외국인용 가격'은 존재하지만 적당히 흥정하면 비교적 저렴하게 물건을 구입할 수 있다 정가를 알 수 없으므로 시내의 마트나 노점 등에서 대충의 가격을 미리 알고 가는 것이 좋다.

주소　49, Ngô Gia Tự, Tân Lập, Nha Trang
위치　빈컴 플라자에서 서쪽 500m
운영　24시간

★☆☆

양바이 폭포 Thác Yang Bay 🔊 탓 양바이

나트랑 서쪽 혼바 자연보호지구에 위치한 양바이 폭포는 주변에 동물원과 야외 온천장, 오래된 나무, 악어농장 등 다양한 볼거리와 놀 거리를 제공하고 있어 현지인들에게 인기 있는 관광지다. 나트랑에서 차량으로 1시간가량 이동해야 하는 곳이므로 방문 전 양바이 폭포 홈페이지나 시내의 여행사에서 일일 투어를 예약하는 것도 고려해보자. 양바이 폭포 공원에서는 잉어 먹이 주기, 악어 먹이 주기, 낙타 타기, 닭싸움 구경 등 다양한 체험(별도 비용 발생)이 가능하고, 폭포에서 수영할 수도 있다. 마지막으로는 인근의 야외 온천수영장에서 느긋한 시간을 보내보자. 추가 요금을 내면 머드 스파도 즐길 수 있다. 아이가 있는 가족이라면 흥미로운 여행지가 될 것이다. 하지만 오래된 신령스러운 나무와 여유로운 분위기의 야외 온천수영장을 제외하면 양바이 폭포의 전경이 아주 인상적인 것은 아니고 볼거리도 전체적으로 부족한 편이므로 큰 기대 없이 방문하는 것이 좋다. 참고로, 나트랑 시내에서 북쪽으로 25km 떨어진 곳에 있는 바호^{Ba Hồ} 폭포는 암벽 계곡을 올라 폭포를 맞고 다이빙과 수영을 즐길 수 있는 곳으로, 액티비티를 즐기는 외국인들이 주로 찾는다.

주소 Thôn Ngã Hai, Khánh Phú, Khánh Vĩnh, Khánh Hòa
위치 나트랑 시내에서 서쪽 40km (차량 1시간 이동)
운영 08:00~17:00
요금 **양바이 폭포공원 입장료**
　　성인 20만 동,
　　키 1~1.4m 어린이 14만 동
　　머드 스파 이용료 성인 20만 동~,
　　키 1~1.4m 어린이 13만 동
전화 0813-446-222
홈피 yangbay.khatoco.com
메일 yangbay@khatoco.com

소원을 적은 리본을 새총으로 쏘아 걸면 소원이 이뤄진다고 한다!

악어에게 먹이를?!

빈원더스 나트랑 VinWonders Nha Trang

바다 위에 불쑥 솟은 9개의 기둥으로 지지되는 3,320m의 케이블카는 세계적인 해상 케이블카 및 리프트 건설회사인 프랑스 포마Poma사에 의해 건설되었다. 이 케이블카는 까마득한 높이 115m에서 나트랑 해상을 지나는 덕분에, 단지 놀이동산에 입장하기 위한 수단이 아닌 빈원더스 최고의 탈것으로 손꼽아도 과하지 않다. 케이블카로 빈원더스가 있는 혼쩨섬에 들어서면 바다가 내려다보이는 언덕 위에 각종 탈것으로 가득한 놀이동산과 워터파크, 동물원과 식물원, 아쿠아리움 등이 보인다. 통합입장권을 구입하면 게임기까지 모두 추가비용 없이 이용할 수 있다. 베트남의 놀이동산을 대표하는 곳답게 계속적으로 놀이기구를 교체 및 추가하고 있으며 워터파크 역시 새로 정비한 최신 시설이다. 새로 개장한 동물원에서는 백호와 벵갈호랑이, 흰 아프리카 사자 등 진귀한 동물을 볼 수 있다. 언덕 위의 동물원, 식물원과 아래의 해변 및 워터파크를 쉽게 오갈 수 있도록 여러 개의 에스컬레이터를 설치해서 쉽게 지칠 수 있는 이용자들을 배려한 점도 눈에 띈다. 몇 년 동안 쉴 새 없이 단장을 하고 있으며 부분적으로 계속 공사가 이루어지고 있는 덕분에 현재의 빈원더스는 최신 시설과 다양한 즐길 거리로 무장하고 있다. 예전에 비해 훨씬 더 좋아진 상태이므로, 하루 종일 이곳을 즐길 시간과 체력만 있다면 입장료가 결코 아깝지 않다.

주소 Đảo Hòn Tre, Vĩnh Nguyên, Nha Trang
위치 나트랑 남쪽 혼쩨섬
운영 08:30~21:00
요금 **종일권**
성인 95만 동, 어린이 71만 동
오후권
성인 66만 동, 어린이 50만 동
야간권(타타쇼 관람)
성인 29만 동, 어린이 26만 동
케이블카 탑승권
성인·어린이 20만 동
점심 뷔페 콤보
성인 124만 동, 어린이 85만 동
(* 키 1~1.4m 어린이의 경우)
전화 1900-6677, 0258-3888-886
홈피 vinwonders.com/ko/vin-wonders-nha-trang

▶▶ 통합입장권 & 주요 공연 시간표

빈원더스 입장권은 현장이나, 클룩 같은 여행 예약 플랫폼, 빈원더스 홈페이지(vinwonders.com/ko/vinwonders-nha-trang)에서 구입할 수 있다. 나트랑 시내에서 택시를 이용해 빈원더스를 방문하는 경우, 티켓이 없다고 말하면 택시기사가 사설 티켓 판매소에 멈춰 서서 입장권을 강매하기도 하는데, 온라인으로 미리 구입하는 것이 정가보다 훨씬 저렴하다. 빈펄 리조트 이용객이라면 리조트 예약 시 빈원더스 입장권을 함께 사전구매하자. 더 저렴하게 입장권을 구입할 수 있으며 하루 동안 빈원더스 무제한 출입이 가능하다. 케이블카도 VIP 통로를 이용해 줄 서는 일 없이 무

제한으로 탈 수 있다. 일반 방문객이라면, 다양한 입장권 중 자신에게 맞는 것을 선택하는 것이 중요하다. 종일권 외에도 오후 4시 이후 입장할 수 있는 오후권, 오후 6시 30분에 입장해 음악분수 쇼와 타타 쇼를 관람하는 야간권이 있다. 더위에 약하거나 워터파크에 큰 매력을 못 느낀다면 오후권을, 유럽 중세 성을 배경으로 한 야간 3D 맵핑 쇼에만 관심이 있다면 야간권을 구입하면 된다. 점심 뷔페나 일정 금액의 식사권이 포함된 콤보티켓도 있다. 모든 온라인 입장권에는 케이블카 왕복 이용권이 포함돼 있으며, QR 코드가 발급돼 실물 티켓 교환 없이 바로 케이블카 탑승이 가능하다.

*공연 종류 및 시간은 변동이 잦아 방문 전 홈피 확인 필수

타타 쇼Tata Show	★추천	19:30(40분간)
새 공연(버드 쇼Bird Show)		10:30, 14:30(20분간)
인어 공연(머메이드 쇼Mermaid Show)		11:00, 15:00(10분간)
먹이 주기 시연(피딩 쇼Feeding Show)		10:00, 17:00(각 15분간)
음악분수(뮤직 워터 파운틴 쇼Musical Water Fountain Show)	★추천	19:00(25분간)
길거리 퍼레이드(유로파 카니발Europa Carnival)		16:15(30분간)
길거리 밴드공연(스트릿 밴드Street Band)		19:15(1시간간)

more & more 빈원더스 나트랑의 구석구석을 소개합니다

케이블카Cable Car
케이블카 자체는 프랑스의 전문 케이블카 건설회사에서 지어진 것으로 안전하게 운행되고 있으나 케이블카를 타고 내릴 때 안전요원이 주의를 소홀히 하는 경우가 있으므로 아이들과 함께하는 경우 좀 더 주의를 기울여야 한다.
운영 08:30~21:00

레스토랑Restaurants
빈원더스에는 한식당(빙수)부터 뷔페 레스토랑, 간단한 음식을 파는 부스, 패스트푸드를 판매하는 롯데리아, 스타벅스 등 다양한 레스토랑을 이용할 수 있다. 특히 빈원더스와 워터파크 전체를 조망하기 좋은 언덕 위에 자리한 롯데리아는 간식을 즐기면서 휴식하기 좋다.

놀이기구Rides
새 단장을 하고 더 많은 놀이기구가 들어섰지만 길고 스릴 넘치는 **알파인 코스터**Alpine Coaster가 여전히 가장 인기 있는 놀이기구다. 주말이나 저녁에는 2시간 이상 줄서야 할 수 있기 때문에 사람이 없는 시간을 노리고, 저녁에는 시야가 확보되지 않아 위험할 수 있으므로 낮에 이용하자. 또한 개인이 직접 속력을 조절하며 내려가야 해 앞뒤 사람과 부딪힐 경우 자칫 큰 부상으로 이어질 수 있으니 어린이는 반드시 어른과 동승해야 한다. **집라인**Zip-line이나 한국보다 충돌의 세기가 강한 **범퍼카**를 탈 때도 주의하자. 놀이기구 중에는 운행 시간이 정해져 있는 경우가 있으므로 원하는 놀이기구의 운행 시간은 미리 체크하자.

킹스가든King's Garden(동물원)
빈원더스 가장 동쪽 언덕 위에 자리하고 있는 동물원은 작지만 짜임새 있게 구성되어 있어, 아이들과 함께라면 꼭 한번 들러보자. **조류관**에서는 사람이 접근해도 겁 없이 다가오는 새들을 볼 수 있다. 하지만 새에게 지나치게 가깝게 다가가거나 눈을 마주칠 경우 예상치 못한 공격을 받을 수 있으므로 아이들에게 반드시 주의시켜야 한다. 관객과 소통하는 방식의 새 공연도 흥미진진하다.
운영 10:00~18:00

월드 가든World Garden
빈원더스의 새로운 트레이드 마크인 대관람차Sky Wheel 뒤쪽에는 카페가 있는 일본식 정원, 바오밥 나무를 심어놓은 아프리카 사막, 열대 선인장과 화려한 꽃으로 가득한 식물원이 있다.
운영 10:00~18:00(주말·공휴일 09:00~18:00)

트로피칼 파라다이스Tropical Paradise
빈원더스의 핵심 시설 중 하나인 워터파크는 아이들과 함께 즐길 수 있는 **파도풀**Wave Pool과 워터파크 주변을 게으르게 떠다닐 수 있는 **레이지리버**Lazy River, 다양한 크기의 튜브를 이용해서 내려오는 **슬라이더**로 이루어져 있다. 워터파크 입구에 위치한 탈의실 입구에서 사물함(이용료 3만 동, 보증금 10만 동), 타월(이용료 5만 동, 보증금 15만 동)을 대여할 수 있다. 샤워실은 불쾌한 냄새가 나는 등 쾌적하지 못하기 때문에 그냥 옷만 갈아입는다고 생각하는 게 마음 편하다. 중요한 물품은 리셉션에 유료로 보관할 수 있다. 많은 안전요원이 상주하고 있지만 혼잡한 편이므로 안전에 주의를 기울이자.
운영 09:00~18:00

해변Beach
선베드와 해상 놀이시설인 플로팅 베이가 설치되어 있고 보안요원이 상주한다. 이곳에서는 각종 해양 액티비티를 유료로 즐길 수 있다. 저녁에는 나트랑 도심의 높은 빌딩 사이로 지는 아름다운 일몰을 감상할 수 있다.
운영 09:00~18:00

플로팅 베이Floating Bay(해상놀이시설)
오션파크, 아쿠아파크, 마린파크 등으로도 불리는 해상놀이시설이 워터파크 옆 해변에 설치되어 있다. 대형 튜브를 공기로 부풀려 얕은 바다에 띄운 이 놀이시설은 미끄럼틀과 정글짐, 트램펄린 등으로 이루어져 있는데 구명조끼를 착용하고 이용한다. 다칠 염려 없이 안심하고 즐길 수 있어서 아이는 물론 어른에게도 가장 인기 있는 놀이시설 중 하나로 손꼽힌다. 임산부나 키 1.3m 이하의 어린이는 이용할 수 없다.
운영 09:30~17:30

취향대로 선택하는 **나트랑의 각양각색 해변**

한국에서 비행기로 5시간이면 화창한 하늘과 푸른빛이 눈부신 바다가 있는 나트랑에 닿을 수 있다. 공항을 내려서면, 가장 먼저 고급 리조트가 모여 있는 **자이 해변(롱 비치**Long Beach**)**이 짧은 휴가 기간을 알차게 즐기려는 사람들을 반긴다. 한적한 리조트도 좋지만 클럽과 바의 활기찬 분위기를 느끼고 싶다면 공항에서 차량으로 약 1시간 거리에 있는 **나트랑 해변**이 제격이다. 누구나 이용할 수 있는 넓은 모래사장과 야자나무가 인상적인 나트랑 해변에는 선베드와 각자의 개성을 갖춘 해변 바와 수영장이 촘촘히 들어서 있어 휴양지로의 면모를 제대로 드러낸다. 나트랑 해변 북쪽 끝에 위치한 쩐푸 다리 건너편에는 거인의 전설로 유명한 혼쫑 곶과 이어져 있는 한적한 **혼쫑 해변**이 비교적 저렴하게 해변 호텔을 즐기고자 하는 여행자들의 주목을 받고 있다. 그 외에도 빈원더스가 있는 **혼쩨섬**과 하얀 모래사장이 아름다운 **족렛 해변**, **닌반 베이** 등 나트랑에는 모든 취향을 만족시킬 수 있는 해변이 모여 있다.

나트랑 해변 Bãi biển Nha Trang | 바이비엔 냐짱

6km의 길고 완만한 해변, 복잡하지 않게 늘어서 있는 선베드, 해변을 둘러싼 공원과 그늘을 드리운 야자나무는 베트남 최고의 휴양지인 나트랑의 인기 비결이다. 여타 동남아의 유명 해변과 달리 호객꾼이 많지 않아 비교적 여유로운 분위기 속에서 해수욕을 즐길 수 있다. 해변에 위치한 하나의 리조트를 제외한다면 모든 호텔이 해변과 도로로 분리되어 있는 시내 쪽에 위치하고 있으므로, 해변이 내려다보이는 고층 호텔을 선택하는 것이 가장 좋다. 그러나 저렴한 가격으로 해변의 선베드를 이용할 수 있고 비치 클럽 내 무료 수영장도 있기 때문에 시내의 가성비 좋은 호텔을 선택하는 것도 괜찮다. 수많은 레스토랑과 바, 클럽, 여행사, 쇼핑몰이 모여 있는 나트랑 중심가이므로 낮에는 해변에서 해수욕을 즐기거나 숙소의 수영장에서 시원한 한때를 보내고, 해가 진 저녁에는 근사한 레스토랑과 바에서 로맨틱한 시간을 보낼 수 있다.

한줄평 >> 나트랑의 분위기를 흠뻑 즐기고 싶다면!

▶▶ 루이지애나 브루하우스 Louisiane Brewhouse

나트랑 해변의 비치 클럽 중에는 수영장을 보유하고 식음료를 주문한 손님들에게 무료로 개방하는 곳이 있다. 바로 루이지애나 브루하우스다. '브루하우스'라는 이름에서 '미성년자 출입 불가'를 떠올릴 수도 있겠지만, 본격적인 '저녁 장사'를 시작하기 전에는 일반 레스토랑과 다름없다. 수영장은 주로 서양인들이 이용하며, 어린아이를 동반한 가족 여행객들도 심심찮게 보인다. 수영장의 규모는 크지 않아도 붐비는 곳은 아니라 불편하지 않다. 수영장 주변에 야자수도 무성하고 선베드도 놓았으며, 해변으로 바로 이어지는 구조라 일반 리조트의 수영장과 프라이빗 비치처럼 느껴진다. 수영장으로 수익을 얻을 목적이 아니다 보니 본격적인 탈의 시설이나 샤워장 등을 갖추지는 못했다. 또한 안전요원이 상주하지 않기 때문에, 아이들의 안전에 특히 주의해야 한다.

주소 29 Trần Phú, Lộc Thọ, Nha Trang
나트랑 남쪽 해변
운영 07:00~24:00
(수영장 07:00~16:00)
전화 0258-3521-948
홈피 louisianebrewhouse. com.vn
메일 info@louisiane.com.vn

★ 나트랑 북쪽 해변

혼쫑 해변 Bãi Tắm Hòn Chồng | 바이 땀 혼쫑

나트랑 북쪽 혼쫑 곶과 연결된 혼쫑 해변에도 새로운 호텔이 하나둘 들어섰다. 시내 중심가의 복잡한 분위기를 피하고 싶다면 고려해 볼 만한 해변이다. 확실히 저렴하게 묵을 수 있다. 여행사 등의 인프라는 적지만 호텔에서 자체적으로 연결해 주는 투어가 있으므로 큰 문제는 없다. 혼쫑 곶 인근 해변 쪽에 묵으면 나트랑 시내 중심가와 나트랑 해변, 덤 시장, 혼쫑 곶 인근 해변을 지나는 5번 버스(8천 동, 07:00~22:00, 10분 간격 운행)를 이용할 수 있으므로 교통에도 큰 불편함이 없다. 나트랑 중심과 달리 해변은 좀 더 경사가 있고 좁은 편이다. 파도가 좋을 때는 좀 더 난도 있는 서핑 포인트가 된다.

한줄평 >> 조용한 분위기와 편리한 관광을 한번에!

▶▶ 혼쫑 곶

나트랑 도심 북쪽의 쩐푸 다리를 건너면 자연적인 해변의 언덕 한쪽에 바다를 향해 뾰족 튀어나온 곳이 있다. 누군가가 일부러 놓아둔 듯한 바위 때문에 이곳에는 거인과 관련된 많은 전설이 있다. 그중 하나는 이곳에서 바라보이는 누이 꼬 띠엔(Núi Cô Tiên) 산에 관한 것으로, 술에 취한 거인이 이곳에서 목욕을 하던 여인과 사랑에 빠졌으나 신의 방해로 멀리 떠나가게 되었고 상심에 빠진 여인은 끝내 누운 자리에서 일어나지 못한 채 산이 되었다는 이야기다. 커다란 손자국이 남은 듯한 바위도 있는데, 거인이 바위를 가지고 놀았기 때문이라고 한다. 야자나무가 정겹게 서 있는 해변과 드문드문 자리한 섬들을 볼 수 있는 여유로운 전망 덕택에 많은 관광객의 명소가 되고 있다. 혼쫑 곶 한쪽에는 전망이 훌륭한 야외 카페가 있고, 그 옆 공연장에서는 전통악기 연주가 수시로 펼쳐진다.

위치 쩐푸 다리에서 북쪽 2.5km

자이 해변 Bãi Dài | 바이 아이

나트랑 남쪽, 깜란 공항 인근에는 고급 리조트가 즐비하게 들어서 있는 자이 해변(현지 발음으로 바이 아이Bãi Dài)이 있다. 흥겨우면서도 한편으로는 정신없는 나트랑 해변과 달리, 이곳은 매우 조용하다. 깜란 공항에서 차로 불과 20분이면 도착할 수 있는 자이 해변은 프라이빗한 리조트와 나트랑의 화창한 날씨, 한적한 바다를 즐기고자 하는 휴양객에게 안성맞춤이다. 그러나 많은 리조트가 최근에 지어졌기 때문에 상권이 발달하지 못했으며, 좋은 레스토랑을 찾기가 어렵고, 외출하려면 택시나 리조트에서 운영하는 셔틀을 이용해야 하는 점 등 불편함이 있는 것은 사실이다. 리조트가 계속 늘어나고 있는 만큼, 앞으로 점점 더 머물기 좋은 해변이 될 것으로 전망된다. 이 인근의 저가 숙소에서는 아무것도 할 수 없기 때문에 이곳에 머물기를 원한다면 무조건 해변을 낀 리조트에서 묵어야 한다. 롱 비치라고도 한다.

한줄평 >> 짧은 휴가의 1분 1초가 아까운 당신에게 추천!

위치 깜란공항 북쪽 11km, 나트랑 시내에서 남쪽 25km 지점

▶▶ 서핑 포인트

완만한 모래사장, 규칙적으로 몰려오는 파도로 최근 자이 해변이 서핑 포인트로 새롭게 각광을 받고 있다. 특히 초보자들도 안전하게 서핑을 즐길 수 있는 서핑 포인트가 바로 이곳이다. 자이 해변 북쪽 끝에는 수많은 간이식당들이 모여 있어 선탠이나 해수욕을 즐기며 시간을 보내기 좋다. 튜브나 구명조끼, 서핑보드도 빌릴 수 있다. 초보자를 위한 서핑 클래스들도 보통 이쪽에서 수업을 진행한다. 주로 베트남 현지 여행객이 이곳을 방문하지만, 공항과 가까운 리조트에 머물며 여유롭게 해양 스포츠를 즐기고 싶은 외국인들에게도 입소문이 나고 있다. 해변까지 걸어올 수 있는 거리에 위치한 더 아남 리조트, 멜리아 빈펄 깜란 리조트 등의 숙박객 외에는 택시나 오토바이 등을 이용해서 찾아올 수 있다. 각 서핑 클래스에서는 다른 지역의 호텔에 묵는 여행객들을 위해 픽업과 샌딩 서비스를 제공한다.

위치 자이 해변 북쪽 끝부분

★ 그외

혼쩨섬 Hòn Tre Island

베트남에서도 가장 아름다운 해변이 있는 섬으로 유명한 혼쩨섬은 나트랑 해변 맞은편에 위치하고 있다. 빈원더스라는 이름이 혼쩨섬 언덕 위에 커다랗게 새겨져 있어 멀리서도 눈에 띄는 곳으로, 관람차의 조명 덕분에 밤에 더 잘 보인다. 육지와 혼쩨섬은 해상 케이블카로 연결되어 있다. 한국의 많은 가족 여행객이 다낭보다도 먼저 이곳을 찾았을 정도로 유명한 빈원더스지만, 아름다운 섬의 곳곳이 리조트와 놀이시설, 도로와 골프장으로 뒤덮여 과거의 원초적인 아름다움이 사라지고 있는 것이 한편으로는 아쉽다. 나트랑 중심가에서 약 5km 남쪽에 위치한 꺼우다 선착장 인근의 빈펄 케이블카 탑승장에서 케이블카나 스피드 보트를 이용해서 이동하며, 육지의 빈원더스 티켓 오피스까지는 나트랑 시내에서 5번 버스(8천 동), 혹은 택시(10만 동 정도)를 타고 갈 수 있다.

위치 나트랑 중심가에서 약 5km 남쪽에 위치한 선착장과 케이블카 탑승장 이용

한줄평 >> 자녀와 즐기기 좋은 아담한 해변!

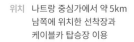

▶▶ 빈원더스 해변 VinWonders Beach

나트랑의 선셋 포인트

빈원더스 이용객은 나트랑 시내가 바라보이는 빈원더스 해변을 이용할 수 있다. 워터파크 옆에 위치하고 있는데, 넓진 않아도 쉬기 좋은 선베드가 있고 바다 위에는 해상 슬라이드 등의 놀이기구도 설치되어 있다. 서쪽을 향하고 있어 나트랑 도심을 물들이며 사라지는 일몰을 감상할 수 있는 특별한 해변이다.

위치 빈원더스 내 케이블카 정류장에서 하차 후 북쪽으로 이동, 워터파크 옆

쪽렛 해변 Bài biển Dốc Lết | 바이비엔 욕렛

하얀 모래사장과 파란 바다는 이국적인 풍경을 동경하는 모든 여행자의 로망이다. 나트랑 중심가에서 북쪽으로 50km 정도 떨어진 곳에 자리한 이 해변은, 바다에 대한 로망을 가진 사람이라면 한번쯤 꼭 와봐야 할 곳이다. 한낮에는 많은 관광객이 단체 버스를 타고 이곳을 방문해서 시끌벅적한 만큼 이곳의 평화로운 매력을 제대로 느끼고 싶다면 주변의 리조트에서 하룻밤 묵기를 추천한다. 특히 복잡함을 피해 이곳의 아름다움을 온전히 즐기려면 해변 북쪽 끝부분에 자리한 파라다이스 리조트를 찾자. 나트랑의 발음으로는 '욕렛', 베트남 표준어로는 '쪽렛'에 가까운 발음이지만 알파벳으로 읽으면 '독렛'이 되기 때문에 많은 외국인이 독렛으로 알고 있다. 나트랑 시내에서 쪽렛 해변까지 운행하는 12번 버스(3만 5천 동, 06:30~17:30, 90분 소요), 혹은 택시(편도 100만 동, 1시간 소요)를 이용하거나 시내 각 여행사의 투어 프로그램을 신청할 수도 있다.

한줄평 >> 여행자의 로망을 만끽하고 싶다면~

위치 나트랑 시내 중심에서 북쪽, 차량으로 1시간 거리

닌반 베이 Ninh Vân Bay

나트랑 최고급 럭셔리 리조트인 식스센스 닌반 베이와 랄리아 닌반 베이, 안람 리트리트가 자리한 해변으로, 섬은 아니지만 정글로 둘러싸여 있어 오로지 배로만 접근할 수 있다. 바위와 숲, 산호초가 많으며, 푸른 바다, 그리고 높은 산이 천연의 요새처럼 아늑하게 해변을 감싸고 있어 프라이빗한 곳에서 아무 걱정 없이 자연을 즐기고 싶은 사람에게 제격이다. 해변의 상태는 고운 모래사장에서부터 거친 모래까지 각기 다르지만 스노클링을 해도 좋을 정도로 투명하고 파란 바다와 고요한 해변에서 바라볼 수 있는 선셋, 주변의 풍광과 자연스럽게 어우러지는 고급 리조트가 이곳의 매력을 더한다.

한줄평 >> 자연에 둘러싸여 완벽한 힐링을!

위치 나트랑 북쪽 13~14km 거리에 위치한 각 리조트
      선착장에서 보트 이용

스쿠버 다이빙 Scuba Diving

스쿠버 다이빙이란 수중에서 호흡할 수 있도록 만들어진 공기통, 압력게이지, 부력조절기 등 스쿠버장비를 착용하고 물속에서 즐기는 레포츠를 말한다. 사시사철 온화한 기온과 잔잔한 물살로 안전한 나트랑 바다에서 단 하나의 해양 액티비티를 해야 한다면 누구나 스쿠버 다이빙을 떠올릴 것이다. 그 정도로, 스쿠버 다이빙은 저렴하고 만족도 높게 즐길 수 있는 액티비티다. 나트랑에는 수많은 다이빙 숍이 있는데, 예전에는 주로 외국인 다이버들이 운영하는 숍이 인기였다면 최근에는 친절함과 저렴한 가격으로 무장한 베트남 다이빙 숍이 각광받고 있다.

프로그램은 거의 대부분 비슷한데, 아침 7~8시 사이 픽업 차량을 이용해 선착장에 도착한 후, 배를 타고 혼문섬으로 향한다. 이동 중에 쉬운 영어로 장비에 대해 설명해 주고 기본적인 사용법을 숙지시킨다. 이때 내용을 잘 이해할 수 없다면 몇 번이고 다시 물어봐 확실히 알아두는 것이 좋다. 혼문섬 주변의 다이빙 포인트에 도착하면 보통 총 2회의 스노클링과 다이빙을 즐기게 된다. 처음 다이빙을 경험하는 사람의 경우, 먼저 수심 2m 남짓한 곳에서 전문 강사의 지도하에 2~3명의 소규모 그룹으로 장비의 사용법 등을 실제로 익히게 된다.

Tip | 스쿠버 다이빙 시 주의 사항

· 오전 7~8시 픽업 후 선착장에서 배를 타고 혼문섬으로 향한다. 이때 강사가 스쿠버 장비의 사용법을 알려주기 때문에 집중해서 들어야 한다.
· 입수 전에 의상을 제대로 입었는지 다시 한 번 확인하고, 차분하게 다이빙을 시작하자.
· 얕은 곳에서부터 차근차근 안전하게 진행되지만, 몸 상태는 본인이 제일 잘 아는 만큼 무리하지 않는 것이 가장 중요하다.

두 번째에는 좀 더 깊은 바다로 다이빙해 아름다운 바다 풍경에 좀 더 집중할 수 있다. 보통 간단한 간식과 점심 샌드위치, 차와 물이 제공되고, 대부분의 경우 수중촬영은 별도의 비용을 지불하고 신청해야 한다.

다이빙 자격증이 있는 경우에는 장비만 빌려서 저렴하게 프리 다이빙을 즐길 수도 있다. 다이빙 센터를 고를 때에는 가격 외에도 전체 그룹의 규모가 얼마나 되는지, 강사 1명당 몇 명을 관리하는지도 체크하자. 대부분 경력이 있는 강사가 함께하지만, 개별지도는 초보 강사가 할 수도 있으므로 걱정된다면 미리 센터를 방문하여 강사의 실력을 개별적으로 체크하는 것이 좋다. 배에는 화장실이 있지만 옷을 갈아입기는 무척 불편하므로 미리 수영복을 옷 안에 입고, 수건과 선크림을 개별적으로 준비해 가자. 도난사고는 잘 일어나지 않지만 귀중품을 보관할 곳이 별도로 없으므로 방수 가방을 챙겨가는 것도 좋다. 조금만 익숙해지면 다이빙 장비 덕분에 물속에서 자유롭게 돌아다닐 수 있으므로 수영을 전혀 할 줄 몰라도 쉽게 바닷속을 즐길 수 있다. 아름다운 나트랑의 수중 세계를 꼭 한번 경험해 보자.

베트남 액티브(Vietnam Active)

주소 14B Nguyễn Trung Trực, Tân Lập, Nha Trang
위치 썸머이 시장에서 300m
운영 06:30~21:00
(프로그램 07:30~13:30)
요금 스노클링 35$, 초보자 다이빙 75$(2회의 스노클링이나 다이빙, 간식, 물, 점심 식사, 장비 일체 포함, 수중촬영 비용 별도)
전화 0903-551-422
홈피 www.vietnamactive.com
www.facebook.com/
VietnamActiveVA
메일 vietnamactive@gmail.com
GPS 12.242828, 109.191498

나트랑 시스타(NhaTrang Seastar)

주소 28A Ng. Đức Kế, Tân Lập, Nha Trang
위치 레갈리아 골드 호텔에서 400m
운영 07:00~22:00
(프로그램 07:20~13:30)
요금 스노클링 32$, 초보자 다이빙 72$(2회의 스노클링이나 다이빙, 간식, 물, 점심 식사, 장비일체, 수중촬영 비용 포함)
전화 090-5380-315
홈피 www.nhatrangseastar.com
www.facebook.com/
nhatrangseastar
메일 nhatrangseastar@gmail.com
GPS 12.239605, 109.189579

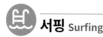

서핑 Surfing

전통적으로 스쿠버 다이빙의 명소인 나트랑이지만, 이에 못지않게 이곳에서 즐길 수 있는 최고의 해양 스포츠로 서핑을 꼽을 수 있다. 보통 베트남에서 서핑이라고 하면 나트랑과 호치민 사이에 있는 해변 도시인 무이네를 떠올리겠지만 무이네는 낙하산처럼 생긴 작은 연을 공중에 띄워 그 연과 함께 서핑하는 카이트 서핑 Kite Surfing이 더 유명하다. 다낭도 최근 서핑을 즐길 수 있는 곳으로 각광받고 있지만 나트랑은 다낭보다 따뜻한 수온과 길고 완만한 모래사장, 부드러운 모래, 서핑에 좋은 파도로 초급자와 중급자 모두에게 최고의 서핑 포인트가 되고 있다. 나트랑은 현재 러시아와 중국인 관광객이 주로 방문하기 때문에 영어나 한국어로 수업하는 곳을 미리 찾아야 한다.

싱글핀 서프 스쿨을 운영하는 비탈릭(러시아)과 진(싱가포르) 커플은 10여 년의 서핑 경력을 가진 베테랑 서퍼로, 알아듣기 쉬운 영어로 친절하게 강습을 진행해서 첫날부터 서핑의 참맛을 제대로 느낄 수 있게 도와준다. 수업은 최대 4인까지 소그룹으로 진행되는데 안전교육과 기초 서핑 교육을 진행하고 사진과 동영상도 찍어서 무료로 보내준다. 이메일이나 전화, 혹은 페이스북 메신저 등을 통해 예약할 수 있는데 그때그때 서핑하기 좋은 날씨 상황을 파악해서 적당한 날을 골라주기 때문에 서핑을 즐기고 싶다면 여행 일정을 유동적으로 잡는 것이 좋다. 나트랑의 서핑 시즌은 보통 9월에서 4월까지이므로 이 시기에 나트랑을 여행한다면 꼭 한 번 서핑을 경험해 보자.

싱글핀 서프 스쿨(Single Fin Surf School)
주소 4 Phạm Văn Đồng, Vĩnh Phước, Nha Trang
위치 혼쫑 해변 근처
운영 9월~4월 매일 09:00~12:30(3시간 강습)
요금 그룹 50$, 개인 80$, 3일 코스 150$(나트랑 시내 왕복 픽업, 서핑보드, 래시가드, 수중촬영 비용 포함)
전화 왓츠앱(Whatsapp) +84-889-036-855
홈피 singlefinsurfschool.com
www.facebook.com/singlefinsurfschool
메일 singlefinsurfschool@gmail.com

---

more & more **주의! 서퍼증후군(Surfer's Myelopathy)**

서핑 초보자에게 드물게 발생하는 증후군으로, 서핑 강습 중 허리 통증과 다리 저린 증상을 느낀 후 하반신 마비로 발전하는 위험한 병을 말한다. 정확한 원인은 알려져 있지 않으나 서핑보드 위에 엎드린 채 허리를 꺾어 상체를 든 자세를 오래 유지할 경우, 척추의 신경이 과도한 압박을 받아 일어나는 것으로 알려져 있다. 서핑뿐만 아니라 요가나 필라테스 등의 운동 중에도 나타날 수 있다고 한다.

○ 예방법: 강습 시 서핑보드 위에 엎드린 채로 오래 대기하는 것을 삼가고, 대기 중에는 엎드려 있기보다 보드 위에 앉아 있는 등 자주 자세를 바꾸는 것이 좋다. 단체 강습의 경우 대기시간이 길어져 나도 모르게 같은 자세를 유지하게 되므로 웬만하면 개인 강습 혹은 소규모 강습을 선택하자. 또한 허리와 다리의 통증에 주의를 기울이고 준비 운동을 철저히 해서 안전하게 서핑을 즐기는 편이 좋다.

호핑 투어 Hopping Tour

하루 종일 나트랑 인근의 섬을 배로 둘러보며 스노클링, 수영, 해수욕, 심지어 장기자랑까지 하며 신나는 하루를 보낼 수 있는 호핑 투어는 나트랑을 대표하는 명물로 자리 잡았다. 최근 편안한 가족 여행지로 각광받는 나트랑이지만, 본래 배낭여행자들의 성지로 더 유명했던 이유는 단 20$도 안 되는 가격으로 하루 종일 즐길 수 있는 호핑 투어가 있기 때문이라고 말하는 이가 있을 정도. 이 비용에는 베트남 현지식 점심 식사까지 포함되니 저렴하면서도 신나는 하루를 보내고 싶은 젊은 여행자들에게 호핑 투어는 언제나 인기 만점이다. 다만 수많은 호핑 투어 보트가 동시에 움직이는 만큼 여유로운 분위기는 아니고, 프로그램이 전체적으로 스노클링 자체보다는 술과 장기자랑 등 젊은이들을 위한 유흥에 집중되는 편이므로 차분하게 바다를 즐기면서 편안한 시간을 보내고 싶다면 럭셔리 혹은 프라이빗 프로그램을 선택하는 것이 좋다. 프로그램이 워낙 저렴한 만큼 투어 도중 들르게 되는 아쿠아리움이나 짠 해변 입장료, 해양스포츠 등 자잘한 비용은 별도로 지불해야 한다. 로컬 여행사로 한국인에게 유명한 신투어리스트에도 호핑 투어 프로그램이 있지만, 한국어 가이드에 고급 리조트 점심 식사가 포함된 산티아고 투어도 주목할 만하다.

산티아고 투어
요금 성인 5만 7천 원
전화 1588-3819, 카톡 utopia11
홈피 smartstore.naver.com/nha-trangtour
메일 helpcustomer@naver.com

산티아고 호핑 투어 스케줄
08:30~09:00 픽업
09:30~10:00 스피드 보트 탑승
10:00~11:30 혼문섬, 혼못섬 인근 총 2회 스노클링
11:30~12:30 프라이빗 미니비치 섬 도착
12:30~13:30 오션뷰 점심 식사
14:00~14:30 미니비치 섬 자유시간
15:30 귀가

---

more & more 호핑 투어 & 스노클링 제대로 즐기는 법

❶ 배에는 수영복을 갈아입기에 적당한 공간이 없으므로 미리 수영복을 입고 가는 것이 편리하다.

❷ 해변에 해먹, 선베드 등이 부족한 경우를 대비해 모래사장에 깔 만한 숄이나 돗자리 등을 챙기는 것이 좋다.

❸ 하루 종일 배로 섬들을 둘러보기 때문에 비치타월, 선크림, 추위를 대비한 겉옷 등을 제대로 준비하자.

❹ 입장료, 화장실 사용, 팁, 성게 요리 구입 등 추가로 소액권이 필요할 수 있다.

❺ 일정 내내 반드시 구명조끼를 착용하고, 각종 해양스포츠를 즐길 때에도 안전에 주의하자.

❻ 각국의 여행자들과 다 함께 흥겨운 시간을 보내는 것이 호핑 투어의 주된 목적인 만큼 노래나 춤에 적극적으로 나서서 후회 없는 하루를 보내자!

스노클링 Snorkeling

많은 관광객 사이에서 정신없이 시간을 보내기보다 스노클링을 온전히 즐기고 싶다면, 전문적인 다이빙 클럽에서 운영하는 스노클링 투어를 이용하자. 동남아의 여타 스노클링 포인트들에 비해 특별히 아름다운 광경을 기대하기는 어렵지만, 비교적 따뜻한 수온에서 유유자적하게 스노클링을 즐길 수 있는 것이 나트랑에서 하는 스노클링의 장점이다. 수많은 관광객을 피해 조용한 곳에서 1시간 30분 가량씩 2번의 스노클링을 즐길 수 있는데, 가이드가 직접 바닷속으로 따라 나서지는 않지만 스노클링 장비도 대여해 주고, 배 위에서 수시로 스노클링하는 사람들을 체크한다. 투어 프로그램에서는 각종 간식거리와 간단한 점심 식사도 제공한다.

세일링 클럽 다이버스(Sailing Club Divers)

주소 72-74 Trần Phú, Nha Trang
운영 07:20~18:00(프로그램 07:55~14:00)
요금 스노클링 80만 동, 다이빙 170만~
      190만 동(2회의 스노클링이나
      다이빙, 간식, 물, 장비 일체 포함)
전화 098-848-4416
홈피 www.sailingclubdivers.com

장비는 전부 빌려주지만
위생이 걱정된다면
한국에서 준비하자!

나트랑의 **해양스포츠 전격 비교!**

비슷한 것 같으면서도 각각의 매력이 확실한 해양스포츠들! '똑같이 물에 들어가는 거 아냐?' 하고 그 차이가 궁금했던 이들을 위해 호핑 투어와 스노클링, 스쿠버 다이빙을 한눈에 알 수 있도록 비교해 보았다. 나에게 꼭 맞는 해양스포츠가 무엇인지, 잘 비교하고 선택해 보자!

바닷속을
자유롭게 즐겨봐~

	스쿠버 다이빙	호핑 투어	스노클링
특징	각종 스쿠버 장비를 착용하고 깊은 바닷속까지 즐길 수 있는 해양스포츠로 나트랑에서는 비교적 저렴한 가격으로 전문적인 인력의 도움을 받아 스쿠버 다이빙에 입문할 수 있다.	나트랑 시내 인근의 섬 곳곳을 배로 둘러보며 스노클링, 수영, 해양스포츠 등 다양한 체험을 즐기는 투어. 저렴한 비용으로 하루를 알차게 보낼 수 있다.	스노클링 마스크와 오리발 등을 착용하고 나트랑 시내에서 좀 더 멀리 나가 아름다운 바다를 차분하게 즐길 수 있다. 보통 스쿠버 다이빙 팀과 함께 움직이며 오전 중 두 곳의 포인트를 들른 다음 선상 식사를 하고 돌아온다.
비용	1일 70~80$(성인 기준)	1일 20$(성인 기준)	1일 25~30$(성인 기준)
인솔자 1인당 관리 인원	1인당 2명	3~4인이 그룹을 전체적으로 관리	1인당 3~10명
전체(배 1척당) 인원	15~20명	30~40명	15~20명
추천	스쿠버 다이빙을 한 번쯤 경험해 보고 싶다면, 혹은 깊은 바닷속 구석구석의 아름다움을 느끼고 싶다면.	각국의 혈기왕성한 여행자들과 음주가무 및 해양스포츠를 즐기고자 한다면.	가족, 친구들과 나트랑의 아름다운 바다를 즐기며 나들이를 떠나고 싶다면.

아이리조트 머드 스파 I-Resort Mud Bath

나트랑에서는 1999년 처음 문을 연 톱 바 온천 Suối Khoáng nóng Tháp Bà 외에 여러 곳에서 머드 스파와 야외 온천수영장을 즐길 수 있다. 그중에서 시설이나 분위기로 베트남 현지인이나 외국인 모두에게 호평받고 있는 곳은 아이리조트로, 패키지 여행뿐만 아니라 개별적으로 머드 스파를 즐기길 원하는 경우에도 가장 좋은 선택이다. 머드 스파 이용권을 구입하면, 한 명이든 여러 명이든 별도의 욕조에 그때그때 진한 머드를 새로 부어 쾌적하게 머드 스파를 즐길 수 있도록 해준다. 하지만 단지 머드 스파를 즐기는 곳으로만 생각하면 이곳의 진가를 알 수 없다.

이곳에는 투명한 에메랄드빛 온천을 즐길 수 있는 여러 곳의 야외 수영장과 머드 스파, 허브 스파, 폭포 등의 시설이 나무가 무성한 계곡 곳곳에 위치하고 있다. 수영장 옆에는 하얀 모래가 깔려 있고 선베드도 구비되어 있어 수영복을 입고 선베드에서 시간을 보내는 커플과 가족 여행객이 많다. 각종 놀이 시설을 갖춘 어린이 풀과 전망 좋은 수영장, 긴 워터슬라이드가 있는 워터파크 외에도 마사지 공간이 있고, 꽤 저렴하게 이용할 수 있는 레스토랑도 있다. 탈의실에서 옷과 수건도 무료로 대여해 주고 생수도 1병 제공하기 때문에 별 준비 없이 방문해도 괜찮지만, 슬리퍼나 수영복은 개별적으로 챙겨가는 게 좋다. 나트랑 북쪽에 위치하고 있으므로, 택시로 이동할 경우에는 인근의 혼쫑 곳에 들러 차를 마시거나 뽀나가르 참탑에서 시원한 바람을 즐기며 하루를 마무리하자.

주소 Tổ 19, thôn Xuân Ngọc, Vĩnh Ngọc, Nha Trang
위치 쩐푸 다리에서 북서쪽 6km
운영 08:00~17:30
요금 **온천 이용료**
성인 17만 동, 어린이 8만 동, 키 1m 이하 어린이 무료
머드 스파(20분)
1인 35만 동(1~3명 성인 기준)
워터파크 5만 동 추가
삶은 계란 5천 동
전화 058-3838-838
홈피 www.i-resort.vn

---

more & more **나트랑에서 머드 스파를 꼭 즐겨야 하는 이유는 뭘까?**

베트남 곳곳에 머드 스파가 있지만, 많은 사람이 '머드 스파는 나트랑!'이라고 입 모아 추천한다. 나트랑이 원조인 만큼 더 훌륭한 시설을 자랑하기 때문! 그렇다면 굳이 따뜻한 진흙에 몸을 담그는 이유는 뭘까? 따뜻한 진흙은 피부 속에 깊이 침투해 노폐물을 제거하는 해독작용을 하며, 부족한 미네랄을 채워 피부를 더욱 튼튼하고 부드럽게 만든다. 또한 진흙의 온기가 근육과 관절에 작용하여 염증과 통증을 완화하고 혈액순환을 도와 전반적인 스트레스를 풀어주는 역할을 하므로 그동안 쌓인 여독을 푸는 데 무척 효과적이다. 머드 스파를 즐긴 후에는 온천 시설을 이용하거나 마사지도 받을 수 있으므로 그동안 쌓인 스트레스를 완벽하게 해소할 수 있다.

혼땀 머드 스파 Hon Tam Mud Bath

혼땀섬 내 위치한 머드 스파로, 빈 그룹에서 운영하는 혼땀 리조트(구 멀펄 리조트)의 일부라 할 수 있다. 이곳은 '머드 스파' 자체보다 섬 여행과 5성급 리조트의 다양한 부대시설 이용에 더 방점이 찍혀 있다. 맑고 투명한 해변과 아름다운 풍경의 인피니티풀은 나트랑의 여느 머드 스파와도 비교할 수 없는 장점이다. 스파 요금에는 섬까지 들어가는 스피드 보트 요금도 포함돼 있다.

주소 Đảo Hòn Tằm, Nha Trang
위치 빈원더스 보트 선착장에서
    혼땀섬 행 보트 탑승
운영 09:00~16:00
요금 A구역 해변+머드 스파 64만 동,
    A구역 머드 스파+B구역 해변
    +오션뷰 레스토랑 점심 104만 동
홈피 vinpearl.com

갈리나 호텔 머드 스파 Galina Hotel Tắm Bùn & Spa

갈리나 호텔에서 운영하는 머드 스파다. 나트랑의 여느 머드 스파들이 외곽에 위치해 있어 접근성이 떨어지는 데 반해, 갈리나 호텔은 나트랑 시내에 위치해 있다는 것이 가장 큰 장점이다. 머드 스파 30분, 사우나 30분, 족욕 5분, 자쿠지 25분, 수영장 순서로 이용할 수 있다. 공간이 한정돼 있고 단체 관광객도 많이 찾아 어수선하고 여유로운 시간을 갖기 힘들다.

주소 31 Hùng Vương, Lộc Thọ,
    Nha Trang
위치 나트랑 시내, 콩 카페에서 300m
운영 09:00~20:00(입장 마감 18시)
요금 35만 동
홈피 galina.vn

센 스파 Sen Spa

나트랑 시내에는 정말 수많은 마사지 숍이 있지만, 그 중에서 명실공히 최고의 서비스로 오랫동안 사랑받아 온 곳이다. 저녁 시간에 마사지를 받고 싶다면 반드시 며칠 전에 예약해야 할 정도. 현재 몸 상태나 원하는 압력 정도를 꼼꼼하게 체크하는 한국어 질답서를 작성하면 그 내용에 따라 개인에 맞게 마사지를 진행해서 더욱 만족스럽다. 강한 마사지를 원한다면 딥 티슈 마사지를 선택해 보자. 각 마사지마다 전문 마사지사가 있으므로 특정 마사지를 원한다면 일찍 예약하는 게 좋다. 나트랑 시내에서 거리가 좀 있지만 카톡으로 사전 예약하면 픽드랍을 무료로 해준다.

주소 241 Ngô Đến, Ngọc Hiệp, Nha Trang
위치 나트랑 센터에서 북서쪽 4.5km
운영 08:30~20:30
요금 센 스파 시그니처(90분) 63만 동
전화 090-8258-121, 0258-3829-899
카카오톡 senspanhatrang
홈피 www.senspanhatrang.com
메일 senspanhatrang@gmail.com

퓨어 베트남 Pure Vietnam Beauty & Spa

덤 시장 근처에서 마사지를 받고 싶다면 이곳을 찾아가자. 호주인이 운영하는 곳이라 트립어드바이저를 보고 온 서양인 여행객들이 많다. 한국인이 운영하는 마사지 숍보다 시설면에서는 소박하지만, 쾌적하고 조용한 방에서 개별적으로 마사지를 받을 수 있다. 접수할 때 전반적인 몸의 상태를 묻는 설문 조사를 진행하고 개인에 맞는 맞춤 서비스를 제공한다. 한가한 시간에 미리 요청하면 먼저 샤워 후 마사지를 받을 수 있도록 배려해준다.

주소 44, Ngô Quyền, Xương Huân, Nha Trang
위치 알렉산드르 예르생 박물관 북쪽, 도보 5분
운영 11:00~20:00
요금 베트남 전신 마사지(60분) 40만 동,
　　　아로마 테라피 마사지(60분) 46만 동
전화 0258-3810-010
홈피 www.purevietnam.com.vn
메일 info@purevietnam.com.vn

랑응온 LÀNG NGON

베트남 전통 음식을 저렴하면서도 분위기 있는 곳에서 여유롭게 맛보기를 원한다면 이곳을 놓치지 말자. 나트랑 음식뿐 아니라 하노이나 호치민 지역의 다양한 베트남 음식을 맛볼 수 있다. 베트남 전통 양식으로 아름답게 꾸며놓은 정원을 즐길 수 있어서 더 만족스럽다. 베트남 음식을 먹지 않더라도 아름답게 그늘이 드리워진 연못 옆에서 커피나 차를 마시며 나트랑의 여유를 만끽할 수 있다. 전체적으로 규모가 있는 편이지만 중국인 단체 관광객이 많은 저녁 시간에는 혼잡할 수 있으므로 한적한 분위기를 원한다면 점심시간을 이용하자. 그러나 에어컨이 없는 야외에서 식사해야 하므로 너무 더운 시간은 피하는 게 좋다.

주소 Hem 75A Nguyen Thi Minh Khai, Nha Trang
위치 나트랑 중심, 콩 카페에서 서쪽 600m
운영 10:30~14:00, 16:00~22:00
요금 분짜 9만 9천 동, 반쎄오 7만 9천 동
전화 091-3504-319
홈피 langngon.com

가랑갈 Galangal

맛있는 베트남 거리 음식을 먹고 싶지만 위생이 걱정된다면 좋은 선택이다. 베트남의 여러 길거리 음식을 제대로 재현해 판매하는 현대적인 레스토랑으로, 거리의 노점을 연상시키는 인테리어에서 분위기 있게 식사를 할 수 있다. 한국어로 된 메뉴판도 있고 음식 사진도 있어서 편하게 주문이 가능하다. 음식은 맛있지만 종업원들이 그다지 친절하지 않고 서빙이 느린 편이다.

주소 1A Biệt Thự, Tân Lập, Nha Trang
위치 나트랑 중심, 리버티 센트럴 호텔에서 해변 쪽으로 140m
운영 10:00~22:00
요금 반쎄오 6만 8천 동, 퍼보 7만 8천 동
전화 096-7311-406
홈피 galangal.vn/ko
메일 reservations@galangal.com.vn

쭈언쭈언 킴 Chuồn Chuồn Kim

한국인들에게는 '촌촌킴'이라고 불리는 베트남 가정식 맛집이다. 베트남 전통의 맛을 고수하기보다 향신료에 약한 외국인 입맛에도 잘 맞을 만큼 퓨전화돼 있어, 손님 대부분이 한국인이다. 새우마늘버터볶음과 모닝글로리, 소고기 혹은 돼지고기 갈비찜, 반쎄오, 스프링롤 같은 인기 메뉴 외에도 다양한 음식들이 준비돼 있으며, 한국어 메뉴판이 있어 주문도 어렵지 않다. 프랑스 식민지풍의 인테리어로 내부 분위기가 좋으며, 3층에는 에어컨도 가동한다. 피크타임에는 대기줄이 길기 때문에 이메일이나 카카오톡(chuonchuonkim)으로 예약하는 게 좋다.

주소 89 Đ. Hoàng Hoa Thám, Lộc Thọ, Nha Trang
위치 골드 코스트 쇼핑몰 근처
운영 10:30~21:00
요금 스프링롤 6만 동, 모닝글로리 3만 5천 동, 새우마늘버터볶음 13만 5천 동
전화 0943-055-155
홈피 chuonchuonkim.nct
메일 quanchuonchuonkim@gmail.com

꽌 퍼 63 Quán Phở 63

베트남 어디나 그렇듯 나트랑에도 수많은 종류의 쌀국수 음식점이 있다. 그중에서 이곳은 소고기 쌀국수를 전문으로 하는 국숫집으로, 아침이면 오토바이를 입구에 세워놓고 식사하는 수많은 사람들로 자리를 찾기 힘들 정도로 인기 있다. 부드러운 소고기와 쫄깃한 도가니, 깔끔한 맛의 육수가 조화를 잘 이루고 있어 특히 기억에 남을 만한 국숫집이다. 기회가 된다면 꼭 한번 들러보자.

주소 63 Lê Thành Phương, Nha Trang
위치 나트랑 대성당 인근
운영 06:00~21:00
요금 **쌀국수** 작은 그릇 4만 5천 동, 큰 그릇 5만 동
전화 0258-3823-341

 퍼 홍 Pho Hồng

나트랑 시내에서 비교적 가까운 곳에 위치한 소고기 쌀국수 식당으로, 다른 쌀국숫집과 비슷하게 개방형 식당에서 소박한 나무 테이블이나 스테인리스 테이블에 앉아 쌀국수를 먹을 수 있다. 도로 옆에 있지만 비교적 아늑한 식사 공간이 갖추어져 있고 전체적으로 깨끗한 편이다. 이곳만의 특색이 있다기보다는 소고기 육수로 군더더기 없이 깔끔한 맛을 즐길 수 있어서 한국인이라면 누구나 편하게 즐길 수 있는 곳이다. 테이블에 세팅된 고추와 라임, 채소를 곁들여 즐기자.

주소 40-Lê Thành Tôn, Tân Lập, Nha Trang
위치 하바나 나트랑 호텔에서 서쪽, 도보 9분 거리
운영 06:00~22:30
요금 **쌀국수** 작은 그릇 5만 동, 큰 그릇 5만 5천 동
전화 0258-3512-724

GPS 12.247743, 109.189055

GPS 12.243996, 109.192428

N:

꽌 분까 민 Quán Bún Cá Mịn

어묵국수인 분까 전문점이다. 나트랑에는 수많은 어묵국숫집이 있지만 이곳은 현지인 사이에서도 매우 인기 있는 음식점으로, 아침에는 주변에서 가장 붐빈다. 얼큰하고 시원하면서도 깊은 맛의 어묵국수와 어묵, 해초가 들어간 국수는 아침 식사나 간식으로 딱 알맞다. 향신료와 생선 향이 거북할 수 있지만, 진정한 로컬 음식이 궁금하다면 맛보자. 그러나 작고 허름한 편이므로 위생을 신경 쓰는 사람에게는 맞지 않을 수 있다.

주소 170 Bạch Đằng, Lộc Thọ, Nha Trang
위치 콩 카페에서 북쪽 200m
운영 05:30~21:00
요금 분까 4만 동
전화 0258-3522-581

추천

 분짜 훙브엉 Bún Chả Hùng Vương

한국인이라면 누구나 좋아하는 분짜를 나트랑에서도 즐기고 싶다면 방문해 보자. 차가운 육수에 고기 경단과 발효된 쌀국수 '분'을 담갔다가 야채와 함께 먹는 분짜는 상큼하면서도 구수하고 달달한 맛으로, 더운 날씨의 나트랑에서 더 맛있게 느껴진다. 테이블 5~6개 정도로 작은 식당에 모든 손님이 한국인이다 보니 구글맵에 '분짜하노이'라는 이름으로도 검색된다. 고기 대신 스프링롤을 얹어 내는 분넴과 소고기 비빔국수인 분보남보도 꿀맛이다.

주소 17 Hùng Vương, Lộc Thọ, Nha Trang
위치 나트랑 야시장 근처
운영 08:00~23:00
요금 분짜 6만 동
전화 0818-395-966

넴느엉 부탄안 Nem nướng Vũ Thành An

나트랑 시내 북쪽, 덤 시장 인근에
는 넴느엉 식당이 모여 있는 거리
가 있다. 그중에서도 눈에 띄는 로
컬식당으로, 현지인 여행자들 사이
에서 유명세를 타기 시작해 여러
곳에 분점을 두기도 했다. 다져서
길쭉하게 모양낸 돼지고기를 숯불
에 굽고, 각종 야채와 곁들여 라이
스페이퍼에 싸 먹는 넴느엉은 베
트남 음식을 좋아한다면 꼭 한번
먹어봐야 할 별미이다. 이곳의 인
기 비결은 바삭하고 고소한 넴느
엉과 특제 소스! 식당 밖에서는 저
렴하면서도 맛있는 넴느엉과 구이
를 준비하는 손길이 분주하다. 에
어컨이 없어 낮에는 더울 수 있으
므로, 북적거리는 분위기에서 현지
사람들과 저녁 식사로 넴느엉을
즐겨보자.

주소 15 Lê Lợi, Nha Trang
위치 덤 시장과 나트랑 해변 중간에 위치
운영 07:30~20:30
요금 넴느엉 4만 2천 동, 보느엉(소고기 양념구이) 8만 5천 동
전화 0258-3824-024

락깐 Bò Nướng Lạc Cảnh

허름하지만 밤마다 수많은 사람들로 북적대는 베트남 현지식 구이집이다.
고기나 생선을 주문하면 숯불을 피운 화로에 석쇠를 얹어준다. 고급스럽
다거나 놀라운 맛은 아니지만, 저렴한 음식과 시원한 맥주 덕분에 늘 앉
을 자리를 찾기 힘들 정도다. 자욱한 연기와 비교적 정신없고 허름한 분
위기 때문에 호불호가 크게 나뉘지만 흥겨운 현지인들 사이에서 여행의
기분을 한껏 만끽하고자 한다면 안성맞춤이다.

주소 44 Nguyễn Bình Khiêm,
　　 Nha Trang
위치 나트랑 센터에서 북서쪽 1km
운영 10:00~22:00
요금 오징어 8만 5천 동, 새우 11만 동,
　　 소고기 9만 동, 사이공맥주 9천 동
전화 0258-3821-391

쭉 린 2 Trúc Linh 2

깨끗하고 고급스러운 여행자용 레스토랑으로 저녁의 해산물 요리가 가장
유명하다. 입구에서 큼직한 랍스터나 타이거새우를 직접 고르면, 원하는
대로 요리해 준다. 저렴하진 않지만 비교적 합리적인 가격이며, 많은 여
행자에게 검증된 괜찮은 요리를 맛볼 수 있다. 서비스는 무난한 편이지만
정신없는 저녁 시간에는 불친절하다는 평이 있다.

주소 18A Biệt Thự, Lộc Thọ, Nha Trang
위치 여행자 거리 인근
운영 08:00~22:00
요금 랍스터 18만 동, 오징어 5만 5천 동, 타이거새우 4만 9천 동(100g당, 시가)
전화 0258-3521-089
홈피 www.facebook.com/truclinhrestaurant

추천

하이카 Bún Cá Hai Cá

생선 쌀국수 전문점으로 생선 살이나 어묵이 들어간 쌀국수 외에도 내장
이나 알, 혹은 해파리가 들어간 것도 있다. 하지만 이 집을 가장 유명하게
만든 건 오징어어묵 쌀국수. 오징어 살이 씹히는 어묵을 바로 그 자리에
서 튀겨 시원한 해물 육수 베이스의 쌀국수 안에 넣어주는데 그 맛이 끝
내준다. 문전성시 맛집이라 바로 옆에 2호점도 있다.

주소 156 Nguyễn Thị Minh Khai,
Phước Hoà, Nha Trang
위치 레갈리아 골드 호텔에서
서쪽으로 350m
운영 05:30~21:30
요금 오징어어묵 쌀국수 5만 5천 동
전화 0976-477-172

쉐라톤 해산물 뷔페 Sheraton Seafood Buffet

나트랑에 수많은 해산물 레스토랑이 있기 때문에 굳이 호텔 뷔페를 가야 할까 싶겠지만, 가족이나 친구들, 연인과 함께 분위기를 내고 싶다면 놓칠 수 없는 곳이 바로 이곳, 쉐라톤 호텔의 해산물 뷔페가 아닐까 싶다. 쉐라톤 뷔페의 명성을 책임지는 것은 바로 랍스터. 요금에 따라 랍스터 불포함, 1마리 혹은 무제한 주문이 가능하며, 랍스터는 버터갈릭, 치즈, 파 그릴 중 하나로 요청할 수 있다. 그 외에 새우, 조개, 석화, 게, 각종 사시미 등 다양한 해산물도 맛볼 수 있다. 음료 무제한 요금을 이용하면, 각종 소프트 드링크와 맥주, 와인은 물론 소주까지 무제한으로 마실 수 있고, 호텔 레스토랑답게 해산물 외에도 다양한 요리가 준비되어 있다. 뷔페에서 배부르지 않게 먹는 것은 불가능하겠지만 이곳만의 특별하고 다양한 디저트를 제대로 즐길 수 있도록 여분의 배는 남겨놓아야 한다. 고급스러운 호텔답게 라이브 음악이 연주되거나 깜짝 마술쇼가 진행돼 식사 시간을 더욱 즐겁게 한다.

주소 26-28 Trần Phú, Lộc Thọ, Nha Trang
위치 나트랑 해변, 쉐라톤 호텔 내 피스트 레스토랑(Feast)
운영 18:00~22:00
요금 랍스터(1마리) 1인 129만 동, 무제한 1인 239만 동(세금 별도)
전화 0258-3880-000
홈피 www.marriott.com

가네쉬 인도 음식점 Ganesh Indian Restaurant

베트남 전역에 지점이 있는 인도 음식 체인점이다. 다른 곳도 다 괜찮은 편이지만, 이곳 나트랑 지점에서 가장 맛있는 커리를 맛볼 수 있다. 평범한 맛의 짜이를 제외한다면 모든 메뉴가 수준급이니 인도 음식을 좋아한다면 절대 놓치지 말자. 오픈형의 작은 레스토랑인데 인도풍의 인테리어역시 꽤 분위기 있어 식사 시간에는 기다려야 하는 경우가 많지만 그만한가치가 있다.

주소 186 Hùng Vương, Lộc Thọ, Nha Trang
위치 나트랑 중심, 리버티 센트러 호텔 인근
운영 11:00~22:00
요금 치킨티카마살라 10만 8천 동, 갈릭 난 4만 2천 동
전화 0258-3526-776, 090-1504-842
홈피 www.ganesh.vn

놈놈 퓨전 음식점 Nôm Nôm Restaurant

약간 구석진 골목 한쪽에 자리한, 저렴하면서도 분위기 좋은 퓨전 음식점으로, 기본적으로 태국 음식을 베이스로 하고 있다. 다양한 향신료로 맛을낸 커리는 한국에서도 맛보기 힘들 정도로 근사하다. 신선한 과일 스무디와 익살맞은 모양으로 눈요기에 더 좋은 플라잉 누들도 인기 있다. 팬데믹 이후 확장 이전해 4층 건물을 사용 중이며, 목재 테이블을 초록초록 식물들로 꾸미고 에어컨도 가동해 좀 더 쾌적해졌다.

주소 73/16 Trần Quang Khải, Lộc Thọ, Nha Trang
위치 빈컴 플라자 펀푸 인근
운영 09:00~23:00
요금 레드클램 커리 5만 5천 동, 치킨그린 커리 8만 동, 과일 스무디 4만 동
전화 070-2252-028
홈피 nomnomnhatrang.com
메일 nomnombakerynhatrang @gmail.com

젓가락과 면발이 공중에 둥둥 떠 있다!

올리비아 이탈리안 레스토랑 Olivia Restaurant

분위기 좋은 이 탈리안 레스토 랑으로, 특히 저녁에 공기가 잘 통하는 테이블 에 앉아 식사를 즐기는 서양 여행객들을 많이 볼 수 있다. 피자 도 꽤 괜찮고, 깊은 맛의 파스타도 추천한다. 시원한 맥주도 저렴하 다. 베트남 음식에 질렸을 때 기분 전환으로 딱 좋다.

주소 2 Nguyễn Thiện Thuật,
      Tân Lập, Nha Trang
위치 빈컴 플라자 레탄똔 인근
운영 07:00~22:00
요금 부르스케타 3만 9천 동,
      봉골레 스파게티 10만 9천 동
전화 090-8480-736,
      0258-3522-752

추천

짜오마오 Nhà hàng Chào Mào

나트랑 맛집 리스트에 단골손님처럼 등장하는 곳이다. 베트남 전통 음식들을 제공하지만, 베트남 요리가 입 맛에 맞지 않아 고생하는 사람들에게도 전혀 거부감 이 없다. 바삭함이 남다르다는 반쎄오와 중부식 비빔 쌀국수 미꽝, 모닝글로리, 볶음밥 등은 기본이고, 랍스 터, 코코넛슈림프, 맛조개 등 각종 해산물 요리들도 인 기 있다. 노란색 건물에 전통 등을 달아 분위기도 그 만이다.

주소 166 Mê Linh, Tân Lập, Nha Trang
위치 레갈리아 골드 호텔 근처
운영 11:00~21:00
요금 미꽝 9만 동, 코코넛슈림프 19만 동,
      랍스터(1마리) 85만 동
전화 0258-3510-959
홈피 www.instagram.com/chaomao.vn

추천

반미판 Banh mi Phan

베트남식 바게트 샌드위치를 판매하는 전문점이다. 반미는 베트남의 국민 간식이라 길거리 어디서나 가판대가 눈에 띄지만, 한국인들이 선뜻 사 먹기에는 위생과 맛에 대한 걱정이 앞서는 것도 사실. 이곳은 깔끔한 매장에 재료들도 신선하고 비닐장갑을 끼고 조리해서 위생에 대한 믿음을 준다. 전통 반미 외에도 한국인 입맛에 맞는 다양한 맛의 반미들을 선택할 수 있으며, 한국어 메뉴판도 있어 편하다.

주소 164 Bạch Đằng, Tân Lập, Nha Trang
위치 콩 카페에서 북쪽 200m
운영 07:00~20:30
요금 반미 2만 5천 동~
전화 0372-776-778

키와미 Nhà Hàng Nhật Bản KIWAMI

더운 베트남에서 괜찮은 일식집을 찾기는 쉽지 않다. 그러나 아주 기대하지만 않는다면 이곳에서도 저렴하면서 괜찮은 일식을 맛볼 수 있다. 한국인 사이에서도 이미 입소문이 난 가게라 영어 메뉴도 잘되어 있어서 부담 없이 들를 수 있다.

주소 136 Bạch Đằng, Tân Lập, Nha Trang
위치 레갈리아 골드 호텔에서 북쪽 200m
운영 수~월 11:30~13:30, 17:00~22:00(화요일 휴무)
요금 스시 29만 동~, 소바 10만 동   전화 0344-092-390

추천

리빈 콜렉티브 LIVIN Collective

오래전부터 한국인들 사이에 바비큐 맛집으로 입소문이 난 곳이다. 최근 확장 이전해 1층과 3층은 개방형 오픈 공간으로, 2층은 에어컨용 실내 공간으로 나뉘어 있다. 1인용부터 6인용까지 다양한 사이즈의 바비큐 플래터가 준비돼 있으며, 버거 역시 전문점 못지않은 맛으로 가볍게 즐길 수 있다.

주소 5a Ngô Thời Nhiệm, Tân Lập, Nha Trang
위치 레갈리아 골드 호텔에서 300m
운영 09:00~23:00
요금 스테이크 40만 동~, 바비큐 플래터 25만 동~
전화 091-8638-349   홈피 livinbbq.com

콩 카페 Cộng Càphê

달콤한 코코넛 셔벗과 커피가 어우러진 아이스 코코넛커피로 유명한 콩 카페가 나트랑에도 있다. 베트남의 일상적인 분위기로 꾸며진 카페도 좋지만, 이곳은 베트남 공산당을 콘셉트로 한 인테리어가 특별하다. 한국인이 많은 곳을 좋아하지 않더라도 꼭 한번 들러보길 강권한다.

주소 97 Nguyễn Thiện Thuật,
　　Lộc Thọ, Nha Trang
위치 나트랑 시내, 그린월드 호텔 인근
운영 08:00~23:30
요금 **아이스 코코넛커피**
　　스몰 4만 5천 동, 라지 5만 9천 동
　　아이스 밀크커피 3만 5천 동
전화 091-1811-166
홈피 congcaphe.com,
　　www.facebook.com/
　　CongCaphe

브이 프루트 V Fruit

개인적으로 나트랑 최고의 생과일음료 전문점으로 꼽는 곳. 작지만 깔끔한 인테리어의 가게는 카페 거리 한쪽에 소박하게 자리하고 있어 지나치기 쉽지만, 가게 앞에 세워진 수많은 오토바이가 예사롭지 않다. 이곳의 생과일주스, 과일 요거트, 아이스크림 무엇 하나 빠지지 않을 만큼 맛있지만, 여기까지 왔다면 아보카도 아이스크림은 꼭 먹어봐야 한다. 에어컨이 없는 작은 오픈형 가게라 낮에는 덥지만 밤에는 자리를 찾기 힘들다.

주소 24 Tô Hiến Thành, Tân Lập,
　　Nha Trang
위치 레갈리아 골드 호텔에서 100m
운영 06:00~22:30
요금 아보카도 아이스크림 3만 동,
　　망고 셰이크 2만 5천 동
전화 090-5068-910
홈피 vfruit.vn

65번지 과일가게 65 Võ Trứ

구글맵에서 '65번 과일 가게'라고 한국어로 검색될 만큼 한국인들의 절대적인 사랑을 받는 곳이다. 근처에 있는 썸머이 시장보다 싼 건 아니지만 영어 혹은 간단한 한국어로 의사 소통이 가능하고 먹기 좋게 손질까지 해주기 때문에 편하다. 과일도 달고 싱싱하며 맛보기도 가능하고 주인장이 매우 친절하다.

주소 63 Võ Trứ, Tân Lập, Nha Trang
위치 썸머이 시장에서 동남쪽 250m
요금 애플망고 1kg 2만 5천 동

미쉐 Mixue

미쉐는 중국에서 처음 문을 연 홍차 음료 및 아이스크림 전문점으로, 베트남에서만도 1천 개가 넘는 매장이 있다. 가장 인기 있는 아이스크림 콘은 우리 돈 500원 가량이고 썬데, 흑당 밀크티는 1,300원 가량으로 가격이 저렴한데 맛도 좋다. 굳이 찾아가야 할 맛집이라기보다 눈에 띄면 맛볼 가치가 있다.

주소 02 Nguyễn Thị Minh Khai, Lộc Thọ, Nha Trang
위치 나트랑 야시장에서 150m
운영 08:00~23:00
요금 아이스크림 콘 1만 동, 음료 2만 5천~3만 동

안 커피 로스터
Anh Coffee Roasters

'커피 맛'에 진심인 사람들이라면 꼭 가봐야 할 카페다. 매일 소량의 커피콩을 직접 로스팅해 정성스럽게 내려주는 스페셜티로 유명하며, 커피콩도 구입할 수 있다. 실내가 좁고 테이블도 얼마 없어 항상 현지인들로 가득 차지만, 아기자기한 동네 사랑방 분위기가 인상적이다.

주소 140 Đ. Hoàng Hoa Thám, Lộc Thọ, Nha Trang
위치 빈컴 플라자 레탄똔에서 북쪽 100m
운영 06:00~18:00
요금 아메리카노 3만 5천 동

나트랑

안 카페 AN Cafe

자연친화적 카페로 유명한 곳이다. 한국 TV 프로그램에서도 소개된 열대 우림 인테리어의 카페 '레인포레스트Rainforest'가 팬데믹 기간 폐업을 하면서 자연 감성을 선호하는 사람들이 안 카페로 모이기 시작해 3호점까지 문을 열게 되었다. 야외 좌석에는 각종 식물과 꽃, 물 떨어지는 소리가 청량한 작은 연못에 물레방아까지 두었고, 천장은 나무 지붕과 무성한 잎, 덩굴식물들로 뒤덮여 숲 속에 들어온 듯한 느낌을 준다. 1호점과 달리 2, 3호점에는 에어컨 좌석도 마련돼 있다. 안 카페에서는 베트남 전통 방식의 핀 필터 커피를 비롯해 코코넛 커피, 소금 커피, 아이스 아메리카노 등의 다양한 커피를 맛볼 수 있으며, 가벼운 식사류도 저렴한 가격에 판매하고 있다.

1호점
주소　40 Đường Lê Đại Hành,
　　　Tân Lập, Nha Trang
　　　(2, 3호점은 지도 참고)
위치　레갈리아 골드 호텔에서 600m
운영　06:30~22:00
요금　아이스 아메리카노 4만 5천 동
전화　0258-3510-588

아이스드 커피 Iced Coffee

여행자를 위한 아기자기한 카페나 베트남 특유의 오픈형 커피숍도 좋지만, 익숙한 분위기의 커피숍에서 쉬며 편하게 수다를 떨고 싶을 때가 있다. 현대적인 인테리어와 깔끔한 분위기, 시원한 에어컨, 넓은 공간이 갖춰진 아이스드 커피는 나트랑에 벌써 여러 분점을 오픈한 인기 있는 커피숍이다. 커피 외에도 다양한 종류의 음료를 파는데, 아이스 아메리카노는 약간 싱거운 느낌이지만 샷 추가가 가능하다.

주소　38 Trần Phú, Lộc Thọ,
　　　Nha Trang
위치　하바나 호텔 외 나트랑 시내
　　　여러 곳에 분점이 있다.
운영　06:30~22:30
요금　아메리카노 4만 동,
　　　밀크티 4만 5천 동
전화　0258-6262-666
홈피　www.facebook.com/
　　　icedcoffee2460777

롱까께오 Long Cá Kèo

해변이나 놀이공원 등에서 베트남 가족들이 즐겨 먹는 전골 요리를 맛볼 수 있는 곳이다. 약간 시큼하고도 얼큰한 국물이 일품인 베트남 전통 전골 요리 러우Lẩu는 각종 채소와 새우, 어묵 등을 넣어 취향에 따라 즐길 수 있다. 러우가 유명한 곳인 만큼 닭, 오리 등을 비롯해 오징어, 새우, 장어, 가물치, 미꾸라지 등 다양한 메뉴가 있으며, 러우 외에도 각종 해산물과 베트남 전통 음식을 제공한다. 오픈형 레스토랑으로 높은 천장이 시원스럽지만 에어컨을 갖추고 있지 않아 더운 낮에는 뜨거운 전골 요리를 먹기 힘들 수도 있다. 저녁 시간에는 술과 함께 즐기는 수많은 현지인으로 붐비는 곳이며, 낮에도 많은 사람들이 식사를 하기 위해 이곳을 찾는다. 외국인을 위한 영어 메뉴도 갖추고 있다. '까 께오Cá Kèo'는 베트남어로 미꾸라지를 말한다.

주소　12 Lạc Long Quân, Phước Tân, Nha Trang
위치　고! 나트랑 건너편
운영　10:00~23:00
요금　러우 30만 동 내외
전화　0258-3876-139

해피 비치 클럽 Happy Beach Club

나트랑 해변의 중심에 위치해 접근성이 좋은 비치 클럽이다. 본격적인 영업은 오후 4시부터 시작되지만, 알록달록 다양한 구조물들을 설치해 아침부터 사진 찍으러 오는 사람들도 많다. 더위가 한풀 가시고 일몰이 내리기 시작할 때부터 빈백에 앉아 맥주나 칵테일을 마시며 석양 보기 딱 좋다. 밤이 되면 라이브 공연이 열리고 흥거운 분위기는 늦은 시간까지 계속된다. 음식 맛이 아쉽고 비싼 편이라 분위기에 초점을 맞춰야 한다.

주소　38 Trần Phú, Lộc Thọ, Nha Trang
위치　나트랑 야시장에서 북쪽 350m
운영　16:00~23:30
요금　맥주 2만 7천 동~, 피자 27만 5천 동~ (세금 별도)
전화　086-8240-888

루이지애나 브루하우스 Louisiane Brewhouse

유흥의 도시 나트랑에서는 다양한 종류의 바, 펍, 나이트클럽이 저마다의 색깔을 드러내며 여행자를 유혹한다. 그중에서도 이곳이 오랫동안 사랑받고 있는 요인은 멋진 저녁 시간을 보낼 수 있는 위치와 라이브 공연, 무료 풀장 제공 등도 있지만, 뭐니 뭐니 해도 근사한 맛의 생맥주가 핵심이다. 깊고 풍부한 맛의 생맥주는 100% 천연 재료와 정수한 지하수로 직접 제조하는데 한 번 마시고 나면 분명 이곳을 다시 찾게 될 것이다. 전체적으로 편안한 분위기가 흐르는 이곳에서 로맨틱한 시간을 보내보자.

주소 29 Trần Phú, Lộc Thọ, Nha Trang
위치 나트랑 남쪽 해변
운영 07:00~24:00
　　　 수영장 07:00~16:00
요금 생맥주 테스팅 세트 13만 동,
　　　 생맥주 330ml 5만 동,
　　　 수영장 사용 무료
전화 0258-3521-948
홈피 louisianebrewhouse.com.vn
메일 info@louisiane.com.vn

추천
추천

앨티튜드 루프톱 바 Altitude Rooftop Bar

GPS
GPS 12.246403, 109.195974

나트랑 해변의 아름다운 야경을 보며 근사한 칵테일을 즐길 수 있는 스카이 바로, 쉐라톤 호텔 28층에 위치하고 있다. 인근의 떠들썩한 클럽이나 디제잉 바와 달리, 이곳은 잔잔한 음악이 흐르는 고급스러운 분위기라서 편안하고 로맨틱하게 시간을 보낼 수 있다. 규모가 작은 편이고, 야경을 즐길 수 있는 테이블 역시 많지 않기 때문에 오픈 시간에 맞춰 일찍 방문하는 것이 좋다. 오픈 시간부터 저녁 7시까지는 칵테일 1잔 주문 시 1잔을 더 제공하는 해피 아워도 운영한다.

주소 26-28 Trần Phú, Lộc Thọ, Nha Trang
위치 쉐라톤 나트랑 호텔 28층
운영 15:00~23:00
요금 칵테일 12만 동~, 맥주 8만 5천 동 (세금 별도)
전화 0258-3880-000
홈피 www.facebook.com/altituderooftopbar

---

more & more TV 속 맛집 루트 : 〈배틀 트립〉 76회 박정수 & 공현주 편

유유자적 바다를 즐기며 다양한 음식을 저렴한 가격에 맛볼 수 있는 나트랑은 여러 번 여행 프로그램을 통해 소개되었다. TV 속 나트랑 '먹방'에 반해 여행을 계획한 분들도 있을 것이다! TV 속 바로 그 맛집을 즐겨보자. 아래 루트는 이 책에 소개된 음식점만 소개했다.

퍼 홍(p.187) ▶ 안 카페(p.197) ▶ 가랑갈(p.186) ▶ 스카이라이트(p.201)

담백하고 깔끔한 국물의 쌀국수 / 방송 후 폐업한 '레인포레스트'와 비슷한 자연 친화적 카페 / 화려한 비주얼의 베트남 전통 음식! / 360도로 펼쳐진 야경을 감상하며 하루 마무리~

🌙 세일링 클럽 Sailing Club

루이지애나 브루하우스가 상대적으로 점잖고 여유로운 분위기라면, 이곳은 젊음의 에너지를 발산하기에 좋다. 멋진 디제이가 흥겨운 음악을 고르는 저녁 시간이면 친구들과 함께 이곳을 찾은 베트남 젊은이와 서양 여행자가 함께 어울려 즐거운 시간을 보내는데, 특히 매일 밤 9시경에는 불쇼가 열려 더욱 활기가 넘친다. 낮에는 분위기 있는 해변 레스토랑으로 탈바꿈한다.

주소 72-74 Trần Phú, Lộc Thọ, Nha Trang
위치 나트랑 남쪽 해변
운영 07:00~02:00
요금 치킨 윙 18만 동, 버거 25만 동, 칵테일 16만 동
전화 0258-3524-628
홈피 www.sailingclubnhatrang.com
메일 info@sailingclubnhatrang.com

🌙 스카이라이트 Skylight

밤마다 나트랑의 밤하늘은 곳곳에서 번쩍이는 불빛으로 시끌벅적하다. 그중에서도 가장 많은 사람들이 찾는 곳이 바로 이곳, 스카이라이트 클럽이다. 호텔 옥상의 야외 클럽으로, 하늘을 뚫어버릴 것 같은 강렬한 불빛과 귀를 멍멍하게 하는 커다란 음악 소리에 수많은 인파가 몰려든다. 야경이 360도로 시원하게 펼쳐진 클럽에서 신나는 시간을 보낼 수 있지만 아주 많은 인파가 몰리기 때문에 적응하기 힘들 수도 있다. 조용하고 로맨틱한 분위기를 원한다면 절대 피해야 할 곳이기도 하다. 수요일마다 여성은 무료로 입장할 수 있는 우먼스 데이Woman's Day를 운영하니 체크해 보자.

주소 38 Trần Phú, Lộc Thọ,Nha Trang
위치 하바나 나트랑 호텔 21층
운영 스카이덱 레스토랑 17:30~22:00, 클럽 17:30~01:00
요금 **스카이덱 입장료** 5만 동, **클럽 입장료** 20:00 이전 15만 동, 20:00 이후 20만 동, 금·토·일 25만 동(주류 1잔 포함)
전화 0258-3528-988
홈피 skylightnhatrang.com

나트랑 센터 Nha Trang Center

한때 나트랑을 대표하는 쇼핑센터로 주목을 받았지만, 시티 마트를 비롯해 매장이 하나둘 철수하기 시작해 바로 옆에 생긴 골드 코스트에 주도권을 빼앗겼다. 하지만 한국인이 운영해 호평을 받고 있는 코코넛 풋스파, 캐릭터 소품들이 인기 있는 미니소, 볼링장, 키즈카페, 훠궈 맛집 하이디라오, 스타벅스 등은 주목할 만하다.

주소 20 Trần Phú, Nha Trang
위치 나트랑 시내 중심, 쩐푸 거리
운영 월~금 09:00~21:00,
　　　　토~일 09:00~22:00
전화 0258-6261-999

추천

골드 코스트 몰 나트랑 Gold Coast Mall Nha Trang

나트랑 센터 바로 옆에 들어선 쇼핑몰로, 3~4층에 롯데마트 2호점이 위치해 오가는 사람도 많고 매장 수도 많아, 나트랑에서 가장 쇼핑센터다운 곳이다. 크록스, 망고, 지오다노, 나이키 같은 브랜드 숍과 두끼 같은 한식당, 푸드코트, 오락실, 볼링장 등 구성도 알차다.

주소 01 Trần Hưng Đạo, Lộc Thọ,
　　　　Thành phố Nha Trang
위치 쉐라톤 호텔에서 250m
운영 09:00~22:00
전화 0911-380-677

Tip | 나트랑 마트의 이모저모

1 나트랑의 마트 내에는 가방을 가지고 갈 수 없거나 외부에서 잠그고 들어가게 되어 있으므로 휴대전화나 지갑은 미리 꺼내놓자.

2 마트의 규모는 고! 나트랑, 롯데마트, 빈컴 플라자 순으로 작아진다. 크고 시내에서 멀수록 가격이 저렴한 편이지만 가격 차이가 크지 않고 교통비가 더 나올 수 있으므로 그냥 이동하기에 가장 편리한 곳을 선택하는 것이 좋다.

3 한국인이 쇼핑할 때는 역시 롯데마트가 가장 편리하다. 각종 추천 품목이 모아져 있고, 롯데마트 자체 물건도 다양하며, 물건들이 우리에게 좀 더 익숙하게 정리되어 있다. 고! 나트랑에는 신선제품이 많은 편이라 현지인이 특히 많이 찾는다.

4 다양한 베트남 브랜드를 둘러보기 원할 때도 마트로 가재 현지인들이 자주 이용하며, 저렴한 브랜드는 나트랑 센터에, 고급 브랜드는 골드 코스트 몰에 주로 있다.

롯데마트 Lotte Mart

나트랑의 모든 마트 중 가장 다양한 품목을 구비하고 있어서 시내 관광 후 한 번에 여러 가지 물건들을 쇼핑하기에 좋다. 과일말랭이나 차, 잼, 꿀 등 고급스러운 달랏 특산물을 판매하기로 유명한 브랜드인 랑팜L'ang Farm 섹션도 놓치지 말자. 건어물이나 꿀 등 특산물의 경우 많은 브랜드가 있지만 롯데마트에서 자체적으로 개발하는 상품도 상당히 질이 좋은 편이다. 2호점은 골드 코스트 몰에 있다.

주소 58 Đ. 23 Tháng 10, Phương sơn, Nha Trang
위치 롱선사 인근 도보 5분 거리
운영 07:30~22:00
전화 0258-3812-522
홈피 lottemart.com.vn
메일 info@lotte.vn

빈컴 플라자 Vincom Plaza

고급스러운 쇼핑몰을 표방하는 빈컴 플라자는 2017년 말에 오픈한 새 쇼핑몰답게 나트랑 쇼핑몰 중 가장 고급스러우면서도 쾌적한 분위기이다. 지상 4층, 지하 2층으로 이루어진 빈컴 플라자에는, 각종 공산품을 구입하기 좋은 원마트 외에도 화장품, 보석, 속옷과 비교적 고급스러운 기념품을 판매하는 숍이 있다. 속옷이나 신발, 화장품을 구입하고 싶다면 이곳을 방문해보자. 그러나 이곳의 원마트는 다른 마트들과 비교해 무척 작은 규모이므로 마트 쇼핑에는 부적합하다. 해변의 세일링 클럽 맞은편에 두 번째 빈컴 플라자(쩐푸지점)도 있다.

주소 44-46 Đ. Lê Thánh Tôn, Lộc Thọ, Nha Trang
위치 하바나 호텔에서 서쪽, 도보 8분 거리
운영 09:00~22:00   **전화** 0121-3841-987
홈피 vincom.com.vn

고! 나트랑 GO! Nha Trang

나트랑 가장 외곽에 위치한 고! 나트랑은 롯데마트와 함께 나트랑에서 가장 큰 마트라고 할 수 있다. 커다란 외관에 비해 조금은 부족한 규모지만, 생 야채와 과일, 소소한 먹거리 등이 현지인들에게 친숙한 분위기로 꾸며져 있으며 1층에는 저렴한 패스트푸드점도 있다. 판매 품목은 여타 마트와 대동소이하지만 롯데마트에 비해서는 부족한 편이며 무엇보다 가격이 생각보다 저렴하지 않다는 점이 단점이다. 현지인들의 마트를 구경하고 싶다면 편안하게 둘러볼 수 있는 곳이지만 나트랑 중심가에서 가장 먼 곳에 있고 이곳만의 특별한 품목이 있는 것도 아니어서 쇼핑을 위해 굳이 찾아갈 필요는 없다.

주소 Lô 4 đường 19/5, Vĩnh Hiệp, Nha Trang
위치 나트랑 시내에서 서쪽, 차량으로 10분 거리
운영 08:00~22:00   **전화** 0258-3894-888
홈피 go-vietnam.vn

빈펄 리조트 Vinpearl Resort

관광으로 유명한 빈 그룹에서 운영하는 빈펄 리조트는 2003년 빈펄 나트랑 리조트를 시작으로 혼쩨섬에 숙박시설은 물론 놀이동산, 골프장, 케이블카 등 다양한 시설을 건설했다. 섬 곳곳의 아름다운 해변을 차지하고 있는 5성급 리조트도 더할 나위 없이 쾌적하지만, 특히 뷔페 식사와 놀이동산을 하루 종일 무제한으로 이용할 수 있는 풀보드 요금제 덕분에 더욱 사랑받고 있다. 풀보드 요금제는 이것저것 신경 쓰지 않고 아이들과 편하게 휴가를 보내고 싶은 가족이나 각종 활동적인 액티비티를 즐기고 싶은 연인에게 모두 인기 있다. 빈원더스는 한국의 화려한 놀이동산에 비하면 초라할 수 있지만 바다를 건너는 긴 케이블카와 시원한 전망, 무제한으로 사용할 수 있는 게임 시설 등 즐길 거리가 많아 종일 시간을 보내도 지루하지 않다. 최근 혼쩨섬 외에도 자이 해변과 나트랑 시내에 콘도형과 빌라형 호텔을 새로 오픈했다. 접근성을 중요하게 생각한다면 이쪽도 고려해 보자.

주소 Đảo Hòn Tre, Vĩnh Nguyên, Nha Trang
위치 나트랑 남쪽 혼쩨섬
전화 1900-1109
홈피 www.vinpearl.com
메일 info@vinpearl.com

---

more & more   **리조트가 섬에 있다고? 빈펄 리조트 이용 방법**

❶ 들어가기

나트랑 시내에서 5km 남쪽에 위치한 빈펄 스퀘어에서 1차 체크인 후, 페리(24시간 운영, 20여 분 소요, 리조트 이용객 무료) 혹은 케이블카(09:00~22:00 운영, 12분 소요, 빈원더스 입장권 소지자에 한해 이용 가능)를 이용해서 섬으로 들어간다. 섬에 도착하면 버기카를 타고 다시 각 리조트로 가서 2차 체크인을 하게 되는데, 짐은 1차 체크인 시 바로 각 리조트의 객실로 옮겨진다.

❷ 요금

모든 리조트와 빌라의 기본 요금은 조식 뷔페를 포함하고 있다. 풀보드의 경우 2인을 기준으로 3식이 포함돼 있고, 빈원더스 입장료(키 1m 이하 어린이는 무료임을 참고하자)는 요금에 따라 포함 여부가 달라진다. 풀보드를 이용하지 않더라도 숙박객은 빈원더스 입장권을 저렴하게 구입할 수 있고, 버기카와 페리 이용은 무료이므로 자유롭게 육지와 섬을 이동할 수 있다. 페리는 약 20~30분 간격으로 24시간 운영된다.

▶▶ 빈펄 나트랑 리조트 Vinpearl Nha Trang Resort

2003년 혼쩨섬에 처음 건설된 리조트로, 덕분에 빈펄 리조트 중 가장 길고 아름다운 해변에 자리하고 있다. 486개의 객실이 있는 큰 규모의 리조트이지만 동남아에서 손꼽게 넓은 수영장과 각종 놀이기구가 있는 키즈룸, 많은 레스토랑을 갖추고 있어 큰 불편 없이 지낼 수 있다. 각종 부대시설이 아이들과 함께하는 가족 여행자에게 적합하지만 객실이 좀 좁은 것이 단점이다.

부대시설 수영장(2개), 키즈룸, 레스토랑(3개), 바(3개), 스파, 가라오케, 쇼핑 숍, 회의장

요금 그랜드 디럭스 힐뷰 285$,
그랜드 디럭스 오션뷰 320$,
풀보드 그랜드 디럭스 힐뷰 370$,
그랜드 디럭스 오션뷰 505$
GPS 12.211670, 109.243194

▶▶ 빈펄 럭셔리 나트랑 빌라 Vinpearl Luxury Nha Trang Villas

넓고 고급스러운 84개의 빌라가 자리한 아늑한 숙소로, 이름 그대로 혼쩨섬에서 가장 럭셔리한 곳이다. 일반 빌라는 한 건물에 3~4개가 함께 있어서 완전히 독립적이지는 않지만, 객실 안쪽에 따로 개별적인 야외 공간과 자쿠지가 있어 아늑하게 묵을 수 있다. 비교적 넓은 수영장 옆에는 작지만 분위기 좋은 해변이 있으며 한쪽에는 수상 방갈로 형식의 로맨틱한 빈참 스파가 자리하고 있다. 늘 붐비지 않는 여유로운 분위기로 커플에게 가장 적합한 곳이지만, 넓은 객실 덕분에 가족들이 여유롭게 묵기에도 좋다.

부대시설 수영장, 레스토랑(2개), 바, 스파(수상 스파 4동, 자쿠지, 사우나), 공항 픽업 & 샌딩 무료

요금 가든 빌라 440$,
비치프런트 빌라 570$,
그랜드 듀플렉스 빌라 670$,
풀보드 가든 빌라 545$,
비치프런트 빌라 675$,
그랜드 듀플렉스 빌라 775$
전화 058-3598-598
메일 info@vinpearlluxury-nha-trang.com
GPS 12.213190, 109.243819

▶▶ 빈펄 나트랑 베이 리조트 & 빌라 Vinpearl Nha Trang Bay Resort & Villas

2015년 4월에 오픈한 곳으로, 빌딩형 객실과 빌라형 객실 두 종류를 모두 갖추고 있다. 신규 리조트다운 깨끗한 객실과 부대시설을 이용할 수 있다. 빌라는 2베드룸에서 4베드룸까지 있어 섬에 있는 리조트 중 가장 넓으며, 빌딩 건물 안에 키즈클럽도 갖추고 있어서 친구들과 함께 여행하는 경우나 대가족 여행자에게 적합하다. 멀리 케이블카가 바라보이는 디럭스 오션뷰를 추천한다.

부대시설 수영장, 레스토랑(3개), 바(2개), 스파(스팀, 사우나, 자쿠지), 피트니스 센터, 회의장

요금 디럭스 힐뷰 265$, 디럭스 오션뷰 300$,
　　　2베드 비치 빌라 985$, 3베드 비치 빌라 1,215$,
　　　4베드 풀빌라 1,290$, 풀보드 디럭스 힐뷰 360$,
　　　디럭스 오션뷰 395$, 2베드 비치 빌라 1,197$,
　　　4베드 풀빌라 1,714$
전화 058-3598-999
메일 info@vinpearlnhatrangbay-resortandvillas.com
　GPS 12.225681, 109.237297

 5성급　　　　　　　　　　　　　　GPS 12.218720, 109.255117
나트랑 메리어트 리조트 & 스파 Nha Trang Marriott Resort & Spa

5성급 호텔 체인 메리어트가 혼쩨섬에 위치한 빈펄 디스커버리를 인수해 새롭게 문을 열었다. 디스커버리는 섬 내 빈펄 계열 리조트들 중에서도 가장 화려한 객실과 로비, 레스토랑으로 유명했으며, 빌딩형 객실은 물론 2~4베드룸의 풀빌라까지 갖춰 대가족 여행객들에게 특히 사랑을 받았다. 또한 골프장이 3km 내로 가까워 골프와 함께 리조트 호캉스를 즐기려는 사람들도 많이 찾는다. 체크인 및 가는 법, 리조트 운영 등 많은 면이 빈펄 리조트와 대동소이하다.

주소 ào Hòn Tre, Vĩnh Nguyên, Nha Trang
위치 나트랑 남쪽 혼쩨섬
요금 디럭스 가든뷰 95$,
　　　2베드 풀빌라 245$,
　　　4베드 풀빌라 410$
전화 0258-359-8888
홈피 www.marriott.com

부대시설 수영장, 레스토랑(6개), 스파, 피트니스 센터, 키즈 카페

더 아남 The Anam Cam Ranh

깜란 공항에서 차량 15분 거리에 있는 5성급 럭셔리 리조트다. 고운 백사장에 물 맑고 한적한 자이 해변을 프라이빗 비치로 사용하고 있으며 리조트 주위에 무성한 열대 숲을 조성해, 자연 속에서 힐링을 찾는 휴양객들에게 특히 사랑을 받고 있다. 더 아남은 인도차이나 시대의 건축 양식에서 영감을 받아 현대적으로 재해석하고, 객실은 천연 목재와 패턴타일, 현지 예술가의 작품들로 꾸며 고급스러움을 강조했다. 또한 전 객실에 발코니와 테라스를 두고 욕실에서도 통창 너머 식물들을 바라볼 수 있게 디자인해 자연과의 조화 역시 중요시했다. 더 아남은 완벽한 휴식을 위해 잠자리에도 세심한 배려를 기울였다. 매일 저녁 턴다운 서비스가 있으며, 숙면 침대로 알려진 씰리 메트리스에 300수의 아일랜드 순면 침구류, 베개 메뉴를 제공한다.

주소 Nguyễn Tất Thành, Cam Hải Đông, Cam Lâm, Khánh Hòa Dong Hai, Ninh Hòa
위치 나트랑 시내에서 남쪽 차량 35분 거리
요금 디럭스 260$, 오션뷰 풀빌라 528$, 투베드 힐탑 풀빌라 640$
전화 0258-3989-494
홈피 www.theanam.com
메일 info.cr@theanam.com

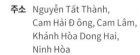

부대시설	수영장(3개), 레스토랑(3개), 스파, 피트니스 센터, 미니 골프 코스, 키즈클럽, 당구대, 영화관, 버기카
레스토랑 & 바	**더 인도차이나**The Indochine 수영장 옆에 위치한 조식 레스토랑. 베트남 및 인터내셔널 음식을 뷔페로 제공한다. **랑 비엣**Lang Viet 해변 옆에 위치한 베트남 레스토랑. 베트남 전역의 전통 요리들을 맛볼 수 있다. **더 콜로니알**The Colonial 고급 빌라 게스트들의 클럽 라운지격으로, 전통 프랑스 및 유럽 요리를 제공한다. **비치 클럽**Beach Club 점심부터 저녁까지 캐주얼한 식사와 음료를 즐길 수 있다. **사이공 바**Saigon Bar 수영장이 내려다보이는 바로, 가벼운 간식과 수제 칵테일, 와인, 음료가 제공된다.
객실	빌딩형 객실의 가장 기본은 디럭스와 프리미엄이다. 차이는 객실 뷰. 프리미엄은 베란다에서 열대 정원을 즐길 수 있다. 좀 더 큰 객실을 찾는다면 테라스룸을 선택하면 된다. 단층 빌라는 가든뷰와 풀뷰의 일반 빌라와 오션뷰 풀빌라가 있다. 2층 빌라는 힐탑 풀빌라로 2베드룸(성인 4인)과 3베드룸(성인 6인)이 있다.
액티비티	1일 2회 무료 요가 수업이 준비돼 있다. 오전 6시부터 7시까지 모닝 클래스, 오후 5시부터 6시까지 애프터눈 클래스가 열리며, 장소는 실내와 실외로 변동 가능하기 때문에 사전 체크 필수다.
기타	매일 오전과 오후 1번씩 나트랑 시내까지 무료 셔틀버스를 운행한다. 객실료의 50%를 지불하면 오후 6시까지 머물 수 있는 레이트체크아웃도 신청해 볼 수 있다(예약 상황에 따라 가능).

5성급

식스센스 닌반 베이 Six Sense Ninh Van Bay

몰디브, 태국, 오만 등에 리조트가 있는 세계적인 럭셔리 리조트 체인이다. 최고급 리조트이지만 최대한 자연을 손상시키지 않는 자연친화적인 방식으로 지어졌기 때문에 호텔의 독특한 아름다움은 비교할 대상이 없다. 정글로 둘러싸여 배로만 접근이 가능한 곳에 위치한 백사장과 투명한 바다, 계단을 오르내려야 닿을 수 있는 거대한 바위 옆에 섬세하게 지어진 방갈로에서 쉬다 보면 한 줌의 스트레스까지 모두 씻어낼 수 있을 것만 같다. 고급스럽고 섬세한 버틀러 서비스도 제공되므로 아름다운 해변과 숲을 만끽하면서 편안히 쉬고 싶은 사람에게 최고의 선택이 될 수 있다.

주소 Ninh Vân, Ninh Hòa, Khánh Hòa
위치 쩐푸 다리에서 북쪽 13km(선착장)
요금 힐탑 풀빌라 832$, 비치 풀빌라 884$,
　　　워터 풀빌라 1,270$, 더록 리트리트 2,410$
전화 0258-3524-268
홈피 www.sixsenses.com/en/
　　　resorts/ninh-van-bay
메일 reservations-ninhvan@
　　　sixsenses.com

부대시설	수영장, 키즈클럽(09:00~12:00, 13:30~16:30), 레스토랑, 스파(스팀, 사우나), 다이브 센터, 게임장, 테니스장, 베드민턴장, 피트니스 센터, 유기농 정원, 버기카, 전용 선착장, 전용 보트, 개인 버틀러
레스토랑 & 바	**다이닝 바이 더 베이**Dining by the Bay *조 · 석식 메인 레스토랑으로 베트남 음식, 퓨전음식을 맛볼 수 있다. **다이닝 바이 더 풀**Dining by the Pool *중식 풀장 옆의 레스토랑. 빵이나 케이크, 아이스크림을 파는 델리 코너도 있다. **다이닝 바이 더 록스**Dining by the Rocks *석식(주 2~3회 운영) 높은 곳에 위치한 전망 좋은 레스토랑으로, 베트남 혹은 가정식 세트 메뉴를 맛볼 수 있다. **드링스 바이 더 비치**Drinks by the Beach 해변 선착장에 위치한 곳으로 분위기 좋은 해변을 즐기며 간단한 음료를 마실 수 있다.
객실	해변(비치 풀빌라)과 언덕(힐탑 풀빌라), 바다 옆 바위(록 풀빌라, 워터 풀빌라)를 기본으로, 2~4개의 침실이 있는 대형 빌라도 있다. 언덕이나 바다 위의 빌라를 이용할 경우, 일부 구간은 버기카에서 내려 꽤나 걸어야 하지만 완전히 프라이빗하게 머물 수 있다. 걷는 것이 귀찮은 경우에는 해변의 비치 빌라를 이용하자. 로맨틱한 분위기를 원한다면 커다란 바위 위의 개인 수영장을 즐길 수 있는 워터 풀빌라가 제격이다.
액티비티	매일 아침 요가, 태극권 강좌가 진행된다. 스노클링, 카누 장비를 무료로 대여할 수 있으며 이외에도 서핑, 다이빙, 워터스키, 테니스, 하이킹, 낚시 등 다양한 액티비티가 준비되어 있다.
기타	공항 픽업차량으로 1시간 거리의 전용 선착장으로 이동한 뒤, 스피드 보트(20분 소요)를 이용한다. 개인 버틀러 서비스가 제공되므로 다양한 도움을 받을 수 있다.

4성급

랄리아 닌반 베이 L'Alya Ninh Van Bay Villas

정글로 둘러싸인 아늑한 전용해변에 자리한 리조트로, 코코넛 나무로 만든 지붕과 높은 천장, 베트남 중부지방에서 공수한 검은 돌과 나무가 깔린 바닥 등의 인테리어가 동양적인 느낌이 물씬 풍기며 때묻지 않은 경관과 어우러져 편안함을 준다. 숲 속에 숨어 있는 분위기 좋은 스파나 낚싯대를 드리우기 좋은 호수, 야성적인 느낌이 남아 있어 더 편안한 숲길과 해변은 구석구석이 지루하지 않다. 지나치게 격식을 차리지 않고, 숙박객을 편안하게 맞이하는 버틀러와의 대화는 이곳의 또 다른 즐거움이다.

주소 Tân Thành, Xã Ninh Ích, Huyện Ninh Hòa, Nha Trang
위치 쩐푸 다리에서 북쪽 15km(선착장)
요금 힐락 풀빌라 390$, 라군 풀빌라 470$, 비치 풀빌라 635$, 비치 풀빌라(2베드룸) 685$, 라군 풀빌라(2베드룸) 795$
전화 0258-3624-964
홈피 lalya.com
메일 reservation.nvb@lalya.com

부대시설	수영장, 레스토랑, 바, 스파, 텃밭, 피트니스 센터, 요가 센터, 워터 스포츠 센터, 미팅룸, 버기카, 전용 선착장, 전용 보트, 개인 버틀러, 나트랑 시내 무료 셔틀보트, 버스 서비스(1일 1회)
레스토랑 & 바	**오픈 테라스 레스토랑 & 파이어 바**Terrace Restaurant & Fire Bar 조, 중, 석식 및 음료, 주류까지 모두 제공하는 메인 레스토랑으로, 일몰을 감상하기 좋은 해변에 위치하고 있다. 매일 저녁 스페셜 메뉴가 변경되므로 지루하지 않게 디너를 즐길 수 있다. 공용 수영장 옆에 있어서 수영이나 해수욕을 즐기기 좋다. 이외에도 빌라 내에서나 수영장, 해변, 선착장, 유기농 밭에서도 식사를 즐길 수 있다. 운영 06:00~22:00
객실	라군 풀빌라, 힐락 풀빌라 외에 2개의 침실을 갖춘 비치 풀빌라와 안람라군 풀빌라가 있다. 힐락 풀빌라도 계단을 몇 개 오르면 될 뿐이어서 오가는 데 큰 어려움은 없다. 두 팀이 한 곳에 머물 계획이라면 중앙에 응접실이 있고 양쪽에 완전히 동일한 두 개의 침실과 욕실을 갖춘, 다른 사람들에게 안람라군 풀빌라가 편리하다. 그 외의 빌라들도 모두 넓고 여유로운 분위기이며 담으로 둘러싸여 있어 방해받지 않고 지낼 수 있다.
액티비티	매일 아침 요가 수업이 진행되며, 낚시와 스노클링 장비를 대여할 수 있다. 스쿠버 다이빙이나 요트, 각종 투어도 준비되어 있다.
기타	공항 픽업차량으로 1시간 거리의 전용 선착장으로 이동한 뒤, 스피드 보트(15분 소요)를 이용한다. 전 빌라에서 개인 버틀러의 도움을 받을 수 있고, 매일 아침 과일, 차 서비스도 제공된다.

5성급

아미아나 리조트 & 스파 Amiana Resort & Spa

GPS 12.295154, 109.233681

나트랑 북쪽으로 15분 거리의 조용한 해변에 위치한 리조트이다. 연꽃 콘셉트의 객실은 쾌적하면서도 로맨틱한 분위기이다. 완전히 독립된 빌라는 아니지만 나무가 우거진 정원으로 인해 프라이빗하게 묵을 수 있다. 전용해변은 좀 작은 감이 있지만, 해변 옆의 넓고 아름다운 해수풀 덕분에 물놀이를 즐기기도 좋다. 3층으로 된 스파동에서 제공되는 머드 스파 혹은, 전문적인 스파 트리트먼트 또한 많은 호평을 얻고 있다.

부대시설 해수풀, 전용해변, 키즈클럽, 레스토랑, 스파, 요가클래스, 미니골프, 회의장, 버기카, 무료 셔틀버스

주소 Turtle Bay, Phạm Văn Đồng, Vĩnh Hải, Nha Trang
위치 쩐푸 다리에서 북쪽 9km
요금 디럭스 307$, 오션 빌라 457$, 오션 풀빌라(3베드룸) 1,685$
전화 0258-3553-333
홈피 www.amianaresort.com
메일 reservations@amianaresort.com

5성급

미아 리조트 Mia Resort

GPS 12.134364, 109.212100

나트랑 중심가와 공항의 중간 지점, 높은 절벽 아래 해변에 아늑하게 자리한 곳이다. 높은 곳에 위치한 로비와 바, 야외 스파에서 아름다운 경관을 즐길 수도, 해변과 작은 수영장에서 물놀이를 즐길 수도 있다. 객실은 현대적이고 밝은 디자인으로 꾸며져 있다. 특히 아름다운 바다 빛과 맛있는 음식, 섬세한 서비스 덕분에 편안한 휴식에는 더할 나위 없는 곳이다.

부대시설 야외수영장, 전용해변, 레스토랑(3개), 키즈룸, 바, 스파, 헬스장, 나트랑 무료 셔틀버스

주소 Nguyễn Tất Thành Bai Dong, Cam Hải Đông, Cam Lâm, Nha Trang
위치 나트랑 중심에서 남쪽 18km
요금 가든뷰 콘도 500만 동, 패밀리 콘도 834만 동, 비치 프런트 풀빌라 880만 동
전화 0258-3989-666 **홈피** www.mianhatrang.com
메일 info@mianhatrang.com

퓨전 리조트 Fusion Resort Cam Ranh

자이 해변에 위치해 있으며, 모든 종류의 스파 트리트먼트와 언제 어디서든 즐길 수 있는 조식 서비스를 표방하는 리조트이다. 파스텔 톤으로 환한 객실과 아름다운 곡선의 욕조, 독특한 선베드 등으로 밝고 로맨틱하게 꾸며져 있다. 객실은 벽이 아닌 언덕으로 둘러싸여 있어 프라이빗하지만, 환하고 넓은 유리창 덕분에 답답하지 않고 시원스럽다. 전반적으로 우아한 분위기 덕분에 연인들에게 특히 인기 있다. 나트랑 시내에서 멀리 떨어진 위치가 단점이지만, 모든 투숙객에게 1일 1회의 스파 트리트먼트가 제공돼 힐링 여행을 즐길 수 있다.

부대시설 키즈클럽, 레스토랑, 바, 스파, 나트랑 무료 셔틀버스, 공항 왕복 무료

주소 Lô D10b Bắc Cam Ranh, Nguyễn Tất Thành, Cam Ranh, Nha Trang
위치 공항에서 북쪽 6km
요금 시크 스위트 449$, 오션뷰 풀빌라 676$, 그랜드 빌라 비치 프런트 2,546$
전화 0258-3989-777
홈피 www.camranh.fusionresorts.com
메일 reservations.frcr@fusionhotelgroup.com

레갈리아 골드 호텔 Regalia Gold Hotel

가성비가 훌륭한 5성급 호텔을 찾는다면 주목! 한국인들이 많이 찾는 맛집들이 도보 거리에 즐비하며, 나트랑 야시장, 썸머이 재래시장, 나트랑 해변 등 접근성이 좋아 위치적으로 특히 좋은 평가를 받는다. 40층에 위치한 루프탑 바와 수영장은 멋진 전망을 자랑하는데 특히 시티뷰의 야경이 '엄지 척'이다. 그랩 요금과 비슷하게 공항 픽업 서비스를 이용할 수 있어(사전 예약 필수) 첫날 혹은 마지막 날 0.5박용 호텔로도 인기가 좋다.

부대시설 야와수영장, 키즈클럽, 레스토랑(2개), 바, 스파, 피트니스 센터

주소 39-41 Nguyễn Thị Minh Khai, Tân Lập, Nha Trang, Khánh Hòa
위치 나트랑 중심, 응우옌 티 민카이 거리
요금 슈피리어 60$, 디럭스 70$, 패밀리 128$
전화 0258-3599-999
홈피 regaliagoldhotel.com
메일 info@regaliagoldhotel.com

5성급 GPS 12.245081, 109.196060

인터컨티넨탈 호텔 Intercontinental Hotel

로비에서부터 고급스러운 인테리어가 눈에 띈다. 해변을 향한 시원한 테라스를 갖춘 객실은 중후하면서도 세련된 디자인이라 흠잡을 데가 없다. 바다 전망의 넓고 아름다운 야외수영장은 해변 리조트가 아닌 아쉬움을 단번에 날려버린다. 직접 짠 신선한 주스와 특별한 베이커리 코너가 있는 조식 뷔페도 특별하다. 나트랑에서 가장 번화한 곳에 위치해 있어서 밤늦게까지 여행을 즐기고 싶다면 최고의 선택이 될 수 있다.

부대시설 수영장, 키즈클럽, 레스토랑, 바, 스파, 헬스장

주소 32-34 Trần Phú, Nha Trang
위치 나트랑 중심, 쩐푸 거리
요금 디럭스 157$,
프리미엄 디럭스 195$,
주니어 스위트 265$
전화 0258-3887-777
홈피 www.intercontinentalnha-trang.com/vn
메일 info@icnhatrang.com

5성급 GPS 12.246386, 109.195720

쉐라톤 호텔 Sheraton Hotel

나트랑 해변 맞은편에 위치한 호텔 중 최고급으로 인정받는 또 하나의 호텔이다. 아주 세련되거나 럭셔리한 분위기는 아니지만 세계적인 호텔 체인인 쉐라톤답게 전체적으로 단순하면서도 중후한 분위기를 풍긴다. 해변이 내려다보이는 테라스를 갖춘 객실에서는 시원한 나트랑 해변의 전망을 감상하기 좋다. 넓은 야외수영장에서 수영을 즐기거나, 28층에 위치한 스카이 바인 **앨티튜드 루프톱 바**(p.200)에서 칵테일을 마시며 여유로운 하루를 보낼 수 있다.

부대시설 수영장(키즈풀), 키즈클럽, 레스토랑, 바, 스파, 헬스장, 비즈니스 센터

주소 26-28 Trần Phú, Nha Trang
위치 나트랑 중심, 쩐푸 거리
요금 디럭스 157$,
프리미엄 디럭스 209$,
주니어 스위트 315$
전화 0258-3880-000
홈피 www.sheratonnhatrang.com.vn
메일 reservations.nhatrang@sheraton.com

하바나 나트랑 호텔 Havana Nha Trang Hotel

나트랑 해변의 전망이 시원하게 내려다보이는 호텔로, 골드 코스트 몰(롯데마트), 썸머이 시장 일대 맛집 등 어디로든 접근성이 좋은 곳이다. 넓고 시원한 로비와 단순하지만 중후한 분위기의 객실에서 쾌적하게 묵을 수 있고, 해변으로 통하는 지하 통로가 있어서 아이들과 안전하게 이동할 수 있다. 전반적으로 아주 세련된 분위기는 아니며, 각 객실에 테라스가 거의 없는 점이 단점이다. 호텔 21층에는 나트랑 최고의 스카이 바, **스카이라이트**(p.201)가 자리하고 있다.

부대시설 수영장, 바(스카이라이트), 스파(스팀, 사우나, 자쿠지), 헬스장, 해변 선베드

주소 38 Trần Phú, Lộc Thọ, Khánh Hòa, Khanh Hoa Province
위치 나트랑 중심, 펀푸 거리
요금 디럭스 113$, 주니어 스위트 131$, 패밀리 스위트 185$
전화 0258-3889-999   **홈피** www.havanahotel.vn
메일 info@havanahotel.vn

선라이즈 호텔 Sunrise Hotel

나트랑 해변가에 위치한 5성급 호텔로, 유럽 스타일의 웅장한 외관이 눈에 띈다. 다소 좁은 엘리베이터와 구식의 로비 의자 등에서 세월의 흔적을 찾아볼 수 있지만, 2013년에 리모델링한 덕분에 객실은 깔끔하고 쾌적하다. 야외수영장 옆에 있는 스탠더드룸만 제외하면 객실은 밝고 클래식한 분위기이고, 특히 바다가 바라보이는 테라스가 분위기 있다. 그리스 광장이 연상되는 기둥 장식이 독특한 수영장도 인기 있다.

주소 12-14 Trần Phú, Nha Trang
위치 나트랑 센터 옆
요금 스탠더드 129$, 슈피리어 142$, 디럭스 159$
전화 0258-3820-999
홈피 www.sunrisenhatrang.com.vn
메일 info@sunrisenhatrang.com.vn

부대시설 야외수영장, 레스토랑, 카페, 바, 아이리시 펍, 스파, 헬스장, 해변 선베드

4성급

노보텔 Novotel

세계적인 호텔 그룹 아코르가 운영하는 4성급 호텔로, 객실이나 컨시어지 서비스 등이 깔끔하게 갖춰져 있다. 나트랑 해변 바로 맞은편에 위치해 있으며, 각종 맛집, 마사지 숍 등도 이용하기 편리하다. 전 객실 모두 바다 전망의 발코니를 갖추고 있어 편안히 휴식을 취하기에도 좋다. 수영장은 작지만 길 건너편에 프라이빗 비치존이 있다. 참고로, 아코르 그룹의 3성급 호텔 이비스 스타일도 근처에 위치해 있다.

주소 50 Trần Phú, Nha Trang
위치 나트랑 중심, 쩐푸 거리
요금 스탠더드 156$, 슈피리어 185$, 디럭스 208$
전화 0258-6256-900
홈피 www.novotelnhatrang.com
메일 H6033-RE@accor.com

부대시설 야외수영장, 레스토랑, 바, 스파(마사지, 사우나), 헬스장, 해변 선베드

4성급

리버티 센트럴 호텔 Liberty Central Nha Trang Hotel

나트랑 여행자 거리의 주요 상권이 썸머이 시장 근처로 이동하면서 입지적 매력은 예전보다 덜하지만, 가성비는 여전히 좋아 주목할 만한 곳이다. 호텔은 4성급 호텔에 걸맞는 규모와 서비스를 갖추고 있으며 수영장도 비교적 넓다. 객실은 크게 넓지 않아도 고급스러움이 느껴지며, 조식도 나쁘지 않은 편이다. 너무 비싸지 않지만 어느 정도 고급스러운 곳에 묵고 싶다면 적당한 곳으로, 오랜 역사에 비해 시설이 여전히 잘 관리되고 있는 것도 믿음직스럽다.

부대시설 수영장, 풀 바, 나트랑 해변의 선베드

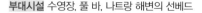

주소 9 Biệt Thự, Lộc Thọ, tp. Nha Trang, Khánh Hòa
위치 나트랑 시내 중심, 신투어리스트 여행사 인근
요금 디럭스 시티뷰 90$, 디럭스 오션뷰 100$, 클럽 룸 110$
전화 0258-3529-555
홈피 odysseahotels.com/nhatrang-hotel
메일 reservation.lcn@libertyhotels.com.vn

미켈리아 호텔 TTC Hotel Premium – Michelia

나트랑 도심에서 약간 외곽에 위치한 호텔로, 비교적 규모 있는 호텔답게 뷔페 레스토랑이나 야외수영장, 헬스장 등 부대시설이 잘 갖춰져 있다. 카펫이 깔린 복도와 객실은 단순하지만 깨끗해서 쾌적하다. 1층의 넓은 레스토랑에서 제공되는 조식 뷔페도 비교적 괜찮은 편이다. 슈피리어룸은 좁은 편이어서 답답할 수 있다.

부대시설 수영장, 스파, 키즈룸, 헬스장, 해변 선베드

주소 4 Pasteur, Nha Trang
위치 나트랑 센터에서 북쪽 700m
요금 슈피리어 220만 동,
   슈피리어 프리미어 308만 동,
   디럭스 341만 동
전화 0258-3820-820
홈피 michelia.ttchotels.com/vi
메일 info@michelia.vn

그린월드 호텔 Green World Hotel

해변은 물론 레스토랑이 밀집한 여행자 거리에서도 가까운, 좋은 위치에 자리한 4성급 호텔이다. 라탄 의자와 테이블이 놓인 깨끗하고 아늑한 객실과 욕실을 이용할 수 있다. 방은 좁은 편이지만 몇몇 슈피리어룸을 제외하면 넓은 창이 있어 대부분 채광이 좋고 답답하지 않다. 수영장은 작고 어두워 이용하기에 좋지 않으며, 조식도 부실한 편이다.

부대시설 수영장, 루프톱 레스토랑, 나트랑 해변의 선베드

주소 44 Nguyễn Thị Minh Khai,
   Nha Trang
위치 노보텔 서쪽 300m
요금 슈피리어 67$, 디럭스 95$
전화 0258-3528-666
홈피 greenworldhotelnhatrang.
   com
메일 sales@greenworldhotelnha-
   trang.com

4성급
메이플 호텔 & 아파트먼트 Maple Hotel & Apartment

좁은 골목을 지나야 하지만 가격 대비 무척 고급스러운 로비와 넓은 객실이 만족스러운 곳이다. 호텔과 아파트먼트 형식을 같이 운영하고 있어, 일반적인 아파트먼트와 달리 호텔 리셉션의 서비스도 받을 수 있는 점이 편리하다. 아파트먼트 객실 내부에는 세탁기와 조리시설 등이 잘 갖춰져 있어 개인적으로 요리하거나 세탁하기 좋지만 호텔 객실에 비해 고급스러움이나 청결도는 약간 떨어지는 편이다. 해변에서 가깝지만 낮은 층은 건물로 가려져 매우 답답하므로 가능한 한 시뷰 아파트먼트를 이용하자. 작지만 해변이 내려다보이는 수영장과 루프톱 레스토랑도 근사하다. 단, 직원들의 서비스가 서투른 편이라 음료를 주문할 경우에는 일일이 거스름돈을 다시 세어봐야 한다.

주소 4 Tôn Đản, Nha Trang
위치 노보텔 호텔 뒤쪽
요금 디럭스 80$, 스튜디오 시뷰 96$, 투베드룸아파트먼트 시뷰 200$
전화 0258-3879-999
홈피 maplenhatrang.vn
메일 booking@maplenhatrang.vn

부대시설 수영장, 루프톱 레스토랑

3성급
고시아 호텔 Gosia Hotel

가격 대비 깔끔한 룸 상태와 알찬 조식 덕분에 나트랑 시내에서 잠시 머물다 가려는 가족 여행자들에게 입소문이 난 호텔이다. 위치도 신투어리스트가 위치한 여행자 거리에서 가깝고 나트랑 해변에서도 멀지 않아 편리하다. 작은 수영장도 있으며 해변에 선베드는 없지만 비치타월을 무료로 대여해 준다. 창이 작은 편이므로 발코니가 있는 시니어 디럭스를 이용하는 것이 답답하지 않다. 직원들의 서비스도 나름 친절하다.

주소 116 Hùng Vương, Lộc Thọ, Nha Trang
위치 신투어리스트 여행사 인근
요금 슈피리어 39$, 디럭스 44$, 시니어디럭스 51$
전화 0258-6299-990
홈피 www.gosiahotel.com
메일 sm@gosiahotel.com

부대시설 수영장

조식은 안 먹으면 손해!

3성급
에델레 호텔 Edele Hotel

야외수영장까지 갖추고 있는 비교적 고급스러운 분위기의 3성급 호텔로, 여행자 거리에서 가까운 편리한 위치에 있다. 슈피리어룸은 창문이 없어 답답하지만, 디럭스룸은 넓은 객실과 욕실에 깨끗한 욕조, 작은 테라스도 갖추고 있어 쾌적하게 머물 수 있다. 방음이 잘 안 된다는 단점이 있다.

주소 61 Nuyen Thien Thuat, Nha Trang
위치 여행자 거리 인근
요금 슈피리어 24$, 디럭스 33$
전화 0258-3527-788

3성급
메이플 립 호텔 Maple Leaf Hotel

저렴한 숙소가 밀집한 골목 끝에 자리하여 드나들기 조금 불편한 감은 있지만, 오히려 도로의 소음에서 벗어나 편히 쉬기에 좋다. 깨끗하고 비교적 넓은 객실을 저렴하게 이용할 수 있다. 조식은 부실한 편이므로, 주변의 레스토랑을 이용하는 게 낫다.

주소 120/39 Nguyen Thien Thuat, Nha Trang
위치 여행자 거리 인근
요금 슈피리어 80만 동, 디럭스 95만 동
전화 058-352-3366　　**홈피** www.mapleleafhotel.vn
메일 sale@mapleleafhotel.vn

3성급
사타 호텔 Sata Hotel

알뜰 여행자들 사이에서 입소문 난 3성급 호텔이다. 착한 가격에 깔끔한 객실, 야외 수영장, 조식까지 제공한다. 유명 맛집 거리와 야시장 중간에 위치해 있어 위치적 장점이 크다. 시티뷰 객실과 가격 차이가 얼마 없어 오션뷰 객실을 추천한다.

주소 24E Nguyễn Thiên Thuạt, Lộc Thọ, Nha Trang
위치 나트랑 중심, 응우엔 티엔 투엇 거리
요금 슈피리어 30$, 디럭스 오션뷰 40$
전화 0258-3544-666
홈피 www.satahotel.vn

03

Step to **Phu Quoc & Nha Trang**

쉽고 빠르게 끝내는
여행 준비

베트남 여행 전 준비해야 할 모든 것

베트남은 여행 인프라가 잘 갖춰진 여행 강국이다.
단기 여행 시 비자가 필요 없고, 입국할 때 출입국카드도 작성하지 않으므로 부담 없이 떠나자!

1 | 여권 발급하기

모든 여행자는 여권을 항상 휴대해야 한다. 또 항공권을 구입하거나
비자를 받기 위해선 여권의 유효기간이 6개월 이상 남아 있어야 한
다. 외교부 여권 안내 홈페이지(www.passport.go.kr)에서 여권 발
급 수수료 및 접수처를 확인할 수 있다.

○ 여권 발급 시 필요한 서류
1 | 여권 사진 1매
2 | 주민등록증 등 신분증
3 | 병역 관련 서류(병역의무자), 여권 발급 동의서(미성년자)

2 | 비자 준비하기

한국인은 45일간 무비자로 체류할 수 있다. 그 이상 체류하기를 원
한다면 비자를 받아야 한다. 비자는 한국의 베트남 대사관에서 받
을 수도 있지만, 최근 전자비자(E-VISA)도 발급받을 수 있게 되었
다. 여권과 증명사진, 해외 결제가 가능한 신용카드가 필요하다. 비
용은 25$로, 신청 후 3~5일(영업일 기준)이면 유효기간이 90일 이
내인 복수비자를 받을 수 있다. 더 오래 체류할 경우엔 베트남 현지
의 여행사에 신청하는 편이 편하다. 비자 연장도 여행사에서 대행해
주지만, 무비자로 이미 체류 중인 경우 체류기간을 연장할 수 없다.

E-VISA 신청 evisa.xuatnhapcanh.gov.vn

주한 베트남 대사관
주소 서울시 종로구 북촌로 123
전화 02-739-9399

3 | 비행기 예약하기

항공권은 출발하는 날짜와 직항, 경유 횟수, 일정변경 가능 여부 등
에 따라 요금 차이가 있다. 예약할 때 반드시 여권과 항공권의 영문
성명이 동일한지 확인하자. 항공권 가격 비교
는 '유용한 사이트(p.228)'를 참고하자.

4 | 숙소 예약하기

베트남 대부분의 숙박시설은 자체 홈페이지를 운영하며, 인터넷 최저가를 보장하는 경우도 많다. 최근에는 호텔 예약 대행 사이트를 통해 숙소를 편리하게 예약할 수 있으나 세금과 수수료를 붙여 판매하는 경우가 많다. 자체 홈페이지에서 직접 예약할 경우, 각종 혜택을 주기도 하므로 체크해보자. 숙박 예약은 '유용한 사이트(p.228)'를 참고하자.

5 | 여행자보험 가입하기

예기치 못한 상황을 대비해 여행자 보험에는 꼭 가입하자. 보험 상품에 따라 보상 정도와 범위가 달라지는데, 실수로 타인에게 피해를 준 경우에도 혜택받을 수 있는 상품도 있다. 물건 분실의 경우 관할 경찰서에서 분실증명서를, 치료를 받은 경우에는 병원에서 진단서와 영수증을 받아와야 한다.

6 | 환전하기

한국에서도 원화를 베트남 동(VND)으로 환전할 수 있으나 환전수수료가 높으므로, 달러로 환전한 뒤 현지에서 베트남 동으로 재환전하는 것이 이득이다. 한국에서 달러를 환전할 때는 주 거래은행에서 각종 환전수수료 할인 혜택을 받을 수 있다. 총 금액에서 90% 정도는 고액권으로, 나머지는 50$와 20$, 1$로 골고루 환전하면 좋다.

환율 1만 동 = 약 548원(2024년 11월 기준)

7 | 체크카드 및 트래블카드 준비하기

공항과 호텔, 시내 곳곳에 24시간 현금지급기ATM가 있어 해외에서 이용 가능한 체크카드를 편리하게 이용할 수 있다. 그중에서도 EXK카드는 인출 수수료가 저렴(베트남에서는 300$ 이하 인출 시 500원 정도의 출금 수수료만 부과)하다. 최근에는 트래블월렛, 트래블로그와 같은 트래블카드가 대세다. 관련 앱에 미리 베트남동을 충전해 놓으면 체크카드처럼 쓸 수 있는데 환전 수수료도 가장 저렴하고 일부 ATM에서는 인출 수수료가 없으며, 여행 후 남은 동도 앱에서 한화로 쉽게 재환전할 수 있다. 일반 신용카드는 호텔과 레스토랑, 그리고 체크인 시 보증금을 위해 사용된다. 그 외에는 주로 현금을 사용한다. 해외 카드 복제 사고가 간간이 발생하기 때문에, 사용에 주의한다.

Tip | EXK카드 사용이 가능한 ATM기

BIDV, Agribank, Sacombank, ACB, Saigonbank, ABbank, Vietinbank, SeAbank, HDbank(세부 목록은 www.exk.kr에서 확인)

8 | 짐 꾸리기

택시를 주로 이용할 계획이라면 배낭보다는 캐리어가 편리하다. 돈(달러, 신용카드, 체크카드), 여권, 항공권 외에 수영복, 선크림, 모자는 꼭 챙기자. 수건과 비누, 일회용 치약과 칫솔은 대부분의 숙소에 갖춰져 있지만 저가의 숙소에는 샴푸, 린스, 목욕용품 등이 구비되지 않은 경우도 많다. 가벼운 우산은 비가 오지 않는 날에도 양산 대용으로 활용할 수 있다. 손으로 먹는 음식이 많으므로 간단하게 손을 닦을 수 있는 물티슈를 챙기면 유용하다. 220V와 110V를 모두 이용할 수 있으므로 별도의 변압기는 필요 없지만, 콘센트가 부족할 경우를 대비해서 멀티탭을 가져가면 좋다.

베트남 여행, 출발부터 도착까지 책임진다!

1 | 공항 도착하기

인천공항으로 가는 방법은 자가운전, 공항버스 이용, 공항열차 이용 등이 있다. 제1여객터미널과 제2여객터미널 중 어느 곳에 내릴지 꼭 확인하자. 공항버스나 공항열차를 이용할 경우에는 제1여객터미널에 먼저 정차한 뒤 제2여객터미널에 도착한다. 그 외 김해공항에서 푸꾸옥, 나트랑 직항 비행기가 출발한다.

2 | 수하물 위탁 및 체크인하기

도심공항에서 체크인 및 사전 출국 수속을 한 경우에는 공항 도착 후 외교관이나 승무원이 이용하는 전용 출입구를 통해 바로 면세 구역에 들어갈 수 있으므로 수속시간을 크게 단축할 수 있다. 또한 보통 출발 하루 전부터 인터넷 사이트를 통해 체크인할 수 있다. 미리 체크인을 하지 않았다면 각 항공사의 카운터에서 체크인하면 된다. 항공사에 따라 다르지만 보통 항공기 출발 3시간 전부터 카운터가 열리며, 1시간 전에 마감된다. 운반 가능한 물품의 규격과 무게는 각 항공사의 규정에 따라 다르므로 미리 확인해 짐을 꾸리자. 저가항공편이고 위탁수하물을 신청하지 않은 경우에는 기내수하물의 무게를 엄격하게 측정하기 때문에 짐이 많다면 항공권을 구입할 때 미리 신청하는 편이 좋다. 공항에서 수하물의 무게가 초과될 경우 비용을 미리 지불하는 것보다 훨씬 비싸다.

보조배터리는 기내로, 100ml 이상 액체는 위탁수화물로~!

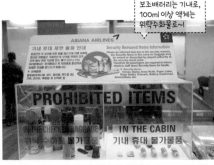

항공기 반입 완전 금지 품목	폭발물(폭죽), 인화성물질(라이터는 1개에 한해 기내 반입 가능), 염소, 표백제 등 독성물질, 기타 위험물질(드라이아이스는 항공사 승인이 있을 시 2.5kg까지 반입 가능)
위탁수하물로만 반입 가능한 품목	과도, 스포츠 용품, 소지 허가된 총기, 무술 호신용품, 망치, 송곳, 펜치 등
기내 소지 · 위탁 가능한 생활용품 및 의료용품	생활도구(수저, 손톱깎이, 긴 우산, 바늘, 제도용 콤파스), 의약품, 의료장비(주삿바늘 등), 구조용품(산소통), 건전지, 보조배터리, 휴대용 라이터 1개
액체류 반입기준(기내 소지)	지퍼백에 담긴 개당 100mL 이하(총 1L 이하)의 액체(유아식, 의약품은 항공 여정에 필요한 용량에 한해 반입 허용), 음료수
액체류 반입 기준(위탁수하물)	개당 500mL 이하, 총 2L 이하
베트남 입국 시 면세기준	주류 1.5L(22도 이상), 2L(22도 이하), 3L(맥주 등 알코올음료), 담배 200개비, 1천만 동 이내 기타 물품

3 | 출국하기

각 항공사의 체크인 카운터에서 수하물을 위탁하고 탑승권(보딩패스)을 받은 뒤, 항공사에서 짐을 확인하는 동안 주변에 잠시 대기한다. 출국장에 들어서면 공항 검색대가 나오는데, 주머니에 있는 물건을 모두 꺼내 두고 엑스레이 검색대를 통과하면 된다. 여권만 있다면 만 19세 이상의 한국인은 누구나 자동출입국 심사대를 이용할 수 있다.

4 | 면세점 이용하기

면세점을 이용할 때는 면세한도를 넘지 않는지 확인하자. 인터넷 면세점에서 미리 쇼핑한 뒤, 면세품 인도장에서 물건을 찾을 수도 있다. 이 경우, 자신이 구입한 면세점의 인도장 위치를 미리 확인하자. 명절 등에는 물건 찾는 줄이 매우 기므로 서두르는 게 좋다. 혹시나 물건을 인도받지 못한 경우에는 인터넷 면세점 홈페이지에서 주문 내역을 취소하면 그대로 환불되니 걱정하지 않아도 된다. 또 출국일 기준으로 30일 이후, 인도되지 않은 물품은 자동 취소 및 환불 처리된다.

셔틀트레인 타는 곳은
공항 곳곳의 표지판을 확인!

5 | 비행기 탑승하기

면세점을 둘러보다 탑승 마감 시간을 놓치지 말 것! 특히 셔틀트레인을 타고 탑승동까지 이동해야 하는 경우, 이동 시간이 15분 이상 소요되므로 늦어서 당황하는 일이 없도록 하자. 인천공항의 경우 탑승권에 찍힌 게이트 번호가 100번대라면 탑승동으로 이동해야 한다.

6 | 비행기 타고 이동하기

기내에서는 보통 승무원의 주의사항만 잘 숙지하면 큰 문제가 없다. 좁은 좌석에 오래 앉아 있으면 발 저림이나 호흡 곤란 등의 '이코노미클래스 증후군'이 일어날 가능성이 있으므로 좌석벨트 등이 꺼져 있을 때는 잠시 일어나 스트레칭하면 좋다. 수분을 자주 섭취하고, 고도가 높아지면 평소보다 쉽게 술에 취하므로 알코올음료는 되도록 피하자. 또한 항공기에서는 현재 위치에 따라 어떤 나라의 법이 적용될지가 정해지므로, 베트남에 도착해서 문제를 일으킬 경우에는 베트남 경찰의 조사를 받게 된다는 점을 명심하자. 항공기 출발을 지연시키거나 기내 난동을 부리는 경우, 혹은 타인의 탑승권으로 탑승하는 등의 행동을 하면 손해배상으로 큰돈을 물어야 한다.

7 | 베트남 입국하기

베트남의 입국은 무척 간단한데, 한국인의 경우 45일간 무비자로 체류할 수 있는 데다가 출입국신고서도 작성하지 않기 때문이다. 입국 수속을 밟은 뒤 짐을 찾고 바로 공항을 나서면 끝이다.

8 | 유심칩 구입하기

무선 데이터 이용은 로밍, 포켓와이파이 등 여러 방법이 있지만, 그 중 현지의 유심칩은 저렴하면서도 현지의 비상전화로 사용할 수 있어 편리하다. 거의 모든 호텔에서 무료 와이파이를 사용할 수 있으므로 많은 양의 데이터를 구입할 필요는 없다. 호치민이나 하노이를 경유해 푸꾸옥에 도착하는 경우엔, 경유지에서 유심칩을 미리 구입하는 것도 추천한다.

9 | 달러 환전하기

푸꾸옥과 나트랑 공항에는 24시간 운영되는 환전소가 있다. 보통 현지에서 달러를 베트남 동으로 바꿀 때는 소액권보다 고액권의 환율이 더 좋다. 또 대체로 호텔, 은행보다 금은방의 환율이 더 좋은 편이다. 어디서 환전하든 정확한 금액을 환전 즉시 직접 계산하고, 화폐가 찢어지거나 낙서가 되어 있는지도 확인하자.

10 | 현금 인출하기

푸꾸옥과 나트랑 공항 밖에 24시간 운영되는 ATM기가 있다. 해외 사용 가능한 체크카드나 트래블카드를 이용하여 현금을 인출할 수 있다. ATM기기에 따라 수수료가 다르다.

> **Tip | 베트남에서는 나도 백만장자?**
>
> 베트남에서 사용하는 화폐는 단위가 무척 크기 때문에 처음 베트남에 도착하면 모든 것이 비싸게 느껴질 수도 있다. 이때 베트남 돈을 20으로 나누면, 즉 0을 하나 떼고 반으로 나눠 계산하면 편하다.
> 보통 팁으로 주는 2만 동은 한국 돈으로 약 1천 원, 쌀국수 가격이 4만 동이라면 한국 돈으로 약 2천 원 정도이다.

11 | 숙소로 이동하기

푸꾸옥 공항에서 즈엉동 마을까지는 20분 정도 걸리며, 택시 혹은 그랩을 이용하거나 빈버스 무료 셔틀을 타면 된다.
나트랑 공항에서 여행자 거리까지는 40분 정도 걸리며, 공항버스를 이용하면 편리하다. 버스를 탈 때 호텔 이름을 이야기하면 가까운 곳에 내려준다. 택시를 탈 경우에는 미터기를 이용하기보다는 미리 흥정하는 편이 저렴하다. 최근 베트남에서는 애플리케이션 '그랩 Grab'이 보편화되었는데, 일반 택시보다 저렴한 가격에 차를 이용할 수 있고 가격도 미리 확인할 수 있어 편리하다. 다만 같은 거리라 하더라도 이용객이 많은 시간에는 가격이 오르기도 한다.

12 | 호텔 체크인

대부분의 호텔은 오후 12시~2시부터 체크인이 가능하다. 각 호텔마다 체크인 시간이 정해져 있으니 미리 확인하자. 물론 그보다 이른 시간에 호텔에 도착했다고 해서 걱정할 필요는 없다. 상황에 따라 방이 준비됐다면 일찍 체크인할 수도 있고, 그렇지 않다면 짐을 호텔에 맡기고 짐 보관증을 받아둔 뒤 식사하거나 수영장을 이용하면 된다. 호텔에서 짐을 옮겨주는 직원에게는 2만 동 정도의 팁을 주는 것이 보통이다. 넓은 리조트에서는 버기카로 이동하게 되는데 이는 방에서 다른 곳으로 이동할 때에도 이용할 수 있으니, 미리 전화로 불러 편하게 이동하자. 고급 리조트의 경우 요가 강습이나 각 관광지로 운행하는 셔틀버스 등을 운영하기도 하니 체크인할 때 예약해놓으면 편리하다. 호텔에서 어떤 서비스를 이용할 수 있는지는 직접 물어보는 것이 좋다.

13 | 호텔 체크아웃하기

체크아웃 시간은 각 호텔 룸에 있는 안내서에 명시되어 있으며 대부분 오전 11시~12시 사이이다. 늦은 체크아웃을 원한다면 미리 요청하자. 유료 서비스이지만 여유가 있다면 몇 시간 정도는 무료로 늦춰주기도 한다. 체크아웃 후 짐을 호텔에 보관할 수 있으며 이 경우 짐 보관증을 잘 보관해놓았다가 짐을 찾을 때 다시 제시해야 한다.

14 | 공항으로 이동하기

호텔에서 공항으로 이동할 때에는 택시나 그랩을 이용해도 좋지만 만약의 경우를 대비해 호텔 직원이나 여행사에 요청해 차량을 예약해 놓으면 안심이다. 늦은 시간에 공항으로 이동하기를 원한다면 호텔 직원에게 미리 말해 예약해두는 것이 시간 낭비를 줄이는 방법이다.

15 | 베트남에서 출국하기

공항의 항공사 체크인 카운터에서 짐을 맡기고, 탑승권을 받은 후 출국장을 나선다. 체크인 시 위탁수하물에 노트북 등 충격에 약한 물품이나 폭발 위험성이 있는 배터리 등을 넣지 않도록 하자. 기내에 가지고 들어갈 가방에 칼이나 밀봉하지 않은 액체류가 없는지도 미리 확인하자.

인천공항 빠르고 똑똑하게 이용하기

전 세계 국제공항 순위에서 늘 상위권으로 손꼽히는 인천공항은
명성에 걸맞게 많은 편의시설을 갖추고 있다. 그만큼 복잡하게 느껴지기도 하는데,
제2여객터미널까지 오픈하면서 신경 쓸 것이 더 많아졌다.
인천공항을 효율적이고 알차게 이용할 수 있도록, 알아두면 좋은 기본 정보를 정리했다.

제1여객터미널과 제2여객터미널

대한항공, 진에어, 델타항공, 에어프랑스, KLM네덜란드 항공은 제2여객
터미널을, 그 외의 항공사는 제1여객터미널을 이용한다. 다른 항공사라도
공동운항(코드쉐어)으로 위 다섯 곳의 항공사의 비행기를 이용하게 되는
경우가 있으니 티켓에 표시된 탑승 터미널을 잘 살펴보자. 차량을 이용할
경우엔 진입 전에 터미널의 입구를 확인해야 한다. 물론 터미널을 잘못 알
았다 하더라도 제1여객터미널과 제2여객터미널을 연결하는 직통 순환 셔
틀버스가 있으니 당황하지 않아도 된다. 셔틀버스는 제1여객터미널 3층 8
번 출구에서 탑승할 수 있으며 15분 정도 소요된다.

터미널을 잘못 알았다면
순환 셔틀버스를 타자!

일반 구역

인천공항에 도착해서 출국 수속을 밟기 전까지 머물게 되는 공간으로 여
행객을 위한 다양한 시설이 갖춰져 있다. 환전과 로밍, 여행자 보험 가입
을 할 수 있으며, 프린트와 복사도 가능하다. 여권에 이상이 있는 경우 긴
급히 여권을 발급받을 수 있는 영사 민원실도 있다. 캡슐호텔(다락휴)과 찜
질방(스파온에어)도 있는데, 캡슐호텔의 경우 규모가 크지 않으므로 이용
하려면 꼭 예약하자. 찜질방은 제1여객터미널에만 있는데, 저녁 9시 이후
에는 만실인 경우가 많으므로 미리 도착해서 자리를 확보하길 추천한다.

면세 구역

공항에서 체크인 후 출국 수속을 마치면 바로 면세 구역이다. 보통 항공기 출발 3시간 전부터 각 항공사의 카운터에서 체크인 수속을 시작하므로 면세 구역에서 머물 수 있는 시간 역시 최대 3시간 정도인 셈이다.

면세 구역에는 면세품을 구입할 수 있는 상점과 레스토랑, 약국과 환전소, 환승 여행객을 위한 샤워실, 환승호텔, 라운지 외에도 인터넷과 복사를 할 수 있는 인터넷 존과 잠깐 눈을 붙일 수 있는 냅 존, 릴랙스 존이 있다. 아동 동반 이용객은 어린이를 위한 놀이시설과 수유실도 24시간 이용할 수 있다.

도심공항터미널

인천공항의 혼잡함을 피하고 싶다면 도심공항터미널 이용도 고려해 보자. 삼성역, 서울역에 인천공항과 연계된 도심공항터미널이 운영되고 있다. 국제선의 경우, 도심공항터미널에서 출발 3시간 20분 전(대한항공 기준)까지 언제든 얼리 체크인을 할 수 있다. 이곳에서 체크인 및 사전 출국심사를 마치면 인천공항에서는 도심공항터미널 이용객 전용 출국통로로 훨씬 빠르게 출국할 수 있다. 자신의 스케줄에 맞춰 수속 절차를 미리 마칠 수 있으며, 면세 구역에서 여유롭게 쇼핑할 수도 있다. 도심공항터미널 내 사전 출국심사는 07:00~19:00(삼성역의 경우 05:30~18:30)까지 이루어지며, 심사를 마친 후에는 공항리무진 버스나 공항열차를 이용해 인천공항으로 가면 된다. 도심공항에서 이용할 수 있는 항공사는 대한항공, 아시아나항공, 제주항공, 티웨이항공, 이스타항공, 진에어 등이며, 각 도심공항마다 입주한 항공사가 다르므로 미리 확인하자.

삼성역 한국도심공항㈜
www.calt.co.kr
1588-7946
서울역 도심공항터미널
www.arex.or.kr
1599-7788

떠나기 전에 들러볼 유용한 사이트

인터넷에는 많은 정보가 있지만, 정작 내게 필요한 내용을 찾기란 쉬운 일이 아니다.
각종 여행 블로그를 뒤지는 것도 좋지만 공식 홈페이지에 가장 정확한 정보가 있으므로
가장 먼저 확인하자. 스스로 여행을 만들어 가는 즐거움을 느낄 수 있을 것이다.

외교부의 안전 여행 정보
떠나기 전에 반드시 확인해야 할 사이트. 여행 목적지의 여행경보단계를 한눈에 파악할 수 있을 뿐 아니라, 현지
에서 일어나는 각종 범죄 유형도 알려줘 범죄를 대비하기도 쉽다. 치과, 응급실 등의 병원, 경찰서, 한국 대사관 같
이 긴급 상황 시 필요한 연락처도 알 수 있다. 미리 여행 일정을 등록하면 맞춤형 여행 정보도 제공받을 수 있다.
애플리케이션 '해외안전여행'도 있다.

홈피 www.0404.go.kr

인천공항 가이드
인천공항은 면세점이나 식당 외에도 어린이나 장애인, 노약자를 위한 각종 편의시설 및 휴게시설을 잘 갖추고 있
다. 무척 넓은 데다가 다양한 시설이 있으므로 미리 홈페이지에서 이용할 시설을 찾아보면 시간을 절약할 수 있
다. 또한 홈페이지와 애플리케이션 '인천공항 가이드'에서는 비행기의 출발 게이트 및 연착 여부까지 실시간으로
확인할 수 있어 편리하다.

홈피 www.airport.kr

항공권 예약 및 비교 사이트
전 세계 항공권을 한눈에 비교할 수 있는 편리한 사이트가 많다. 일정에 제약이 없다면 각 지역별로 가장 저렴한
시기가 언제인지 확인하고, 그 시기에 맞춰 떠날 수 있다. 항공사 홈페이지에는 없지만 여행사를 통해 예약 가능
한 항공권도 검색되므로 꼭 한번 체크해 보자.

홈피 **카약** www.kayak.co.kr
　　　스카이스캐너 www.skyscanner.co.kr
　　　구글플라이트 google.com/travel/flights
　　　인터파크 투어 tour.interpark.com

항공사 홈페이지

한국과 베트남 국적기 외에도 많은 저비용항공이 매일 인천–나트랑, 인천–푸꾸옥 직항편을 운항하고 있다. 최근에는 부산, 청주, 대구 등에서 출발하는 직항편도 늘어나는 추세다. 피크 시즌에는 일부 항공사에서 전세기를 운항하기도 한다.

홈피 **대한항공** kr.koreanair.om
 아시아나 www.flyasiana.com
 베트남항공 www.vietnamairlines.com
 제주항공 www.jejuair.net
 비엣젯항공 www.vietjetair.com

숙소 예약 대행 사이트

각 숙소의 위치와 가격을 한눈에 비교하고 바로 예약할 수 있는 예약 사이트를 이용해 보자. 오래된 예약 사이트에는 후기가 축적되어 있어 실제 숙소의 상태를 알기 쉽다. 사진과 후기 외에도 조식 포함 여부, 창문이나 테라스 유무, 방의 크기 등을 면밀히 따져봐야 후회를 최소화할 수 있다.

홈피 **아고다** www.agoda.com
 부킹닷컴 www.booking.com
 호텔스닷컴 www.hotels.com

베트남 장거리 버스 예약

베트남은 여행사에서 운영하는 버스가 발달해 있어, 육로 여행을 하는 외국인 여행자는 물론 현지인도 많이 이용한다. 종류가 많지만 외국인들에게 가장 유명한 여행사는 신투어리스트로, 베트남 전역에 사무소가 있다. 나트랑을 중심으로 달랏이나 호치민으로 이동할 때는 풍짱 버스도 고려해 보자. 운행편 수가 많아 편리하다.

홈피 **신투어리스트** www.thesinhtourist.vn
 풍짱 버스 futabus.vn

식당, 여행지, 투어 검색

'트립어드바이저'는 전 세계 모든 지역의 다양한 여행 정보가 모여 있는 사이트로, 수많은 여행자가 후기를 남기기 때문에 생생한 여행 정보를 찾을 수 있다. 다만, 서양 여행자 중심이기 때문에 한국인의 취향과는 정확히 맞지 않는다는 점은 감안하자. 같은 이름의 애플리케이션도 있다.

홈피 www.tripadvisor.co.kr

메모해 두자! 필수 연락처

푸꾸옥과 나트랑을 여행할 때 알아두면 좋을 연락처를 모았다.
택시회사의 전화번호는 가짜 택시를 구별할 때도 유용하다.

한국 대사관(하노이 소재)
주소 28th Fl. Lotte Center Hanoi, 54 Lieu Giai St.,
　　　Ba Dinh District, Hanoi, Vietnam
운영 월~금 09:00~16:00
전화 024-3771-0404, 긴급 090-402-6126
홈피 vnm-hanoi.mofa.go.kr
메일 korembviet@mofa.go.kr

한국 영사관(호치민 소재)
주소 107 Nguyen Du St. Dist 1, Ho Chi Minh city,
　　　Vietnam
운영 월~금 08:30~17:30
전화 028-3822-5757, 긴급 093-850-0238
홈피 vnm-hochiminh.mofa.go.kr
메일 hcm02@mofa.go.kr

택시회사

○ 푸꾸옥
마이린
전화 0297-397-9797
홈피 mailinh.vn

푸꾸옥 택시
전화 0918-790-001
홈피 taxiphuquoc.id.vn

○ 나트랑
마이린
전화 0258-3838-3838
홈피 mailinh.vn

비나선
전화 0258-3827-2727
홈피 www.vinasuntaxi.com

병원

○ 푸꾸옥 & 경유지
Vinmec Phu Quoc(24시간)
주소 Gành Dầu, Phú Quốc
전화 0297-3985-588
홈피 vinmec.com

FV Hospital 호치민(한국어 가능)
주소 6 Nguyễn Lương Bằng, Tân Phú, Quận 7,
　　　Hồ Chí Minh
전화 028-5411-3500
홈피 www.fvhospital.com

Vinmec Hospital 하노이(24시간, 한국어 통역)
주소 458 P. Minh Khai, Khu đô thị Times City,
　　　Hà Nội
전화 024-3974-3556
홈피 vinmec.com

○ 나트랑
Bệnh viện 22-12(24시간)
주소 34/4 Nguyễn Thiện Thuật, Tân Lập,
　　　Nha Trang
전화 0258-3528-857
홈피 www.benhvien22-12.com

Vinmec Nha Trang
주소 Vĩnh Nguyên, Nha Trang
전화 0258-3900-168
홈피 www.vinmec.com

안전하게! 즐겁게! 베트남 즐기기

여행은 떠나는 것보다 즐겁게 돌아오는 게 더 중요하다.
낯선 곳인 만큼 사고가 나면 대처하기가 쉽지 않으므로 안전과 관련된 정보를 정리했다.

Q1. 베트남의 치안, 괜찮은가요?

A1. 사회주의 국가인 만큼 강력범죄가 문제되는 나라는 아니다. 그러나 여행자는 범죄의 표적이 되기 쉬우므로 늘 주의하자. 예를 들어 나트랑에서는 달리는 오토바이가 가방을 낚아채 가는 사례가 있다. 밤늦게 골목을 헤맨다거나 낯선 사람을 쉽게 믿고 따라가는 일도 없어야 한다. 그 외에는 대체로 안전한 편이다. 소지품이나 여권을 도난당하거나 분실한 경우에는 현지 경찰에 도난이나 분실신고를 하고 증명서를 발급받아야 여행자보험 회사에서 보상을 받거나 영사관 · 대사관에서 여행증명서를 받아 출국할 수 있다.

Q2. 사고 위험은 없나요?

A2. 오토바이가 주요 교통수단인 베트남의 교통은 악명이 높은 만큼 교통사고율도 높은 편이다. 국제면허증이 없어도 쉽게 오토바이를 대여할 수 있지만 사고 시 문제가 될 수 있다. 스노클링이나 해수욕을 즐길 때, 놀이기구를 탈 때도 한국에서보다 특히 주의가 필요하다. 외교부 해외안전여행사이트(p.228)를 참고하자.

Q3. 갑자기 아프면 어떡하죠?

A3. 병원비가 저렴한 편이므로 몸이 아프면 빠르게 병원을 찾는 것이 좋다. 현지 음식을 먹고 장티푸스, 간염, 콜레라, 이질, 식중독, 기생충 질환이 발생할 수 있다. 떠나기 전 간염 항체가 있는지 먼저 확인하자. 병에 든 미네랄워터 외에 일반 식당에서 제공하는 얼음과 물이나 생 야채는 피해야 한다. 말라리아, 뎅기열, 일본뇌염이 발생할 수 있으므로 모기 퇴치에 신경 쓰는 것이 좋다.

물놀이 시에는
아이, 어른 모두 특히 주의!

서바이벌 베트남어 & 영어

베트남어는 성조가 있어 여행자들이 단시간에 배우기는 힘들다.
그러나 간단한 단어를 외워놓으면 현지인들에게 좀 더 친근하게 다가갈 수 있으며,
어떤 재료가 들어간 음식인지도 쉽게 알 수 있다. 영어가 잘 통하지 않으므로
긴 의사소통은 스마트폰의 번역 애플리케이션을 활용하는 것도 한 방법이다.

필수 단어

한국어	베트남어	영어
공항	sân bay [썬바이]	airport [에어포트]
경찰	công an [꽁안]	policeman [폴리스맨]
역	ga [가]	train station [트레인스테이션]
병원	bệnh viện [벤비엔]	hospital [호스피탈]
여권	hộ chiếu [호찌에우]	passport [패스포트]
약국	hiệu thuốc [히에우투옥]	pharmacy [파마시]
식당	nhà hàng [냐항]	restaurant [레스토랑]
도둑	ăn trộm [안쫌]	thief [띠프]
호텔	khách sạn [칵싼]	hotel [호텔]
화장실	nhà vệ sinh [냐베씬]	toilet [토일렛]
은행	ngân hàng [응언항]	bank [뱅크]
물	nước [느억]	water [워터]
한국	hàng quốc [한꿕]	Korea [코리아]
항생제	kháng sinh [캉신]	antibiotics [안티바이오틱스]
에어컨	máy điều hòa [마이 디에우 호아]	air conditioner [에어컨디셔너]
좋아요	thích [틱]	good [굿]
예뻐요	đẹp [뎁]	pretty [프리티]

232

유용한 문장

한국어	베트남어	영어
안녕하세요	Xin chào [씬 짜오]	Hello [헬로]
고마워요	Cảm ơn [깜 언]	Thank you [땡큐]
고수를 넣지 마세요	Không cho rau ngò(rau mùi) [꽁 쩌 라우응오(라우무이)]	No coriander in the meal [노 코리앤더 인 더 밀]
잘 가요	Tạm biệt [땀비엣]	Good bye [굿 바이]
잘 지냈어요?	Bạn có khỏe? [반꼬 퀘?]	How are you? [하우 아 유?]
미안해요	Xin lỗi [씬 러이]	I am sorry [아임 쏘리]
괜찮아요	Không có chi [콩 꼬 찌]	You're welcome [유어 웰컴]
이름이 뭐예요?	Bạn tên gì? [반 뗀 찌?]	What is your name? [왓츠 유어 네임?]
네	Vàng [벙]	Yes [예스]
아니요	Không [콩]	No [노]
얼마입니까?	Bao nhiêu? [바오 니에우?]	How much is it? [하우 머치 이즈 잇?]
비싸요	Mắc quá [막 꾸아]	It's expensive [잇츠 익스펜시브]
이것은 무엇인가요?	Cái này là gì vậy? [까이나이라지바이?]	What is this? [왓츠 디스?]
배고파요	đói bụng [도이붕]	I am hungry [아임 헝그리]
택시를 불러주세요	Hãy gọi tắc xi chỗ giúp tôi [하이 고이 딱 시 쭙 또이]	Could you call me a taxi? [쿠주 콜 미 어 택시?]
세워주세요	Dừng lại [증 라이]	Stop the car [스톱 더 카]
영수증을 주세요	Cho tôi hóa đơn [쪼 또이 화 던]	Could I get a receipt [쿠다이 겟 어 리씨트]
(마사지) 살살 해주세요	nhè nhẹ [녜녜]	Weakly [위클리]
(마사지) 강하게 해주세요	mạnh [마안]	Strongly [스트롱리]
새해 복 많이 받으세요!	Chúc mừng năm mới! [쯕믕남 머이!]	Happy new year! [해피 뉴 이어!]

Index

세상은 '뉴스콘텐츠'와 통한다

뉴스콘텐츠

http://newscontents.co.kr 🔍

콘텐츠 뉴스를 공급하고 새로운 트랜드와
콘텐츠 산업계를 연결하는 인터넷 뉴스입니다.

전문가와 함께하는
전국일주 백과사전

N www.gajakorea.co.kr

우리나라 최초 전국일주 코스 가이드 플랫폼!
'전국일주 백과사전'과 떠나는 상상만으로도 멋진 여행

#전국일주   #코스 가이드   #친절해요

(주)상상콘텐츠그룹

문의 070-7727-2832 | www.gajakorea.co.kr
서울특별시 성동구 뚝섬로 17가길48, 성수에이원센터 1205호

어른들의 우아한
남미 여행

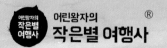 **예약문의 02-775-8788** | www.smallstartour.com
서울시 강남구 역삼동 633-15, 1층

남미 한붓 그리기

28 DAYS

페루
리마 IN
마추픽추
피스코(나스카라인)
와키치나
쿠스코
볼리비아
브라질
라파즈
우유니
산페드로 아타카마
깔라마
칠레
리우 OUT
이과수폭포
아르헨티나
산티아고
부에노스 아이레스
토레스 델 파이네
푸에르토 나탈레스
푼타아레나스
엘칼라파테
우수아이아

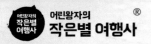

어린왕자의 작은별 여행사 ®

예약문의 02.775.8788   www.smallstartour.com
서울시 강남구 역삼동 633-15, 1층

전문가와 함께하는

프리미엄 여행

나만의 특별한 여행을 만들고
여행을 즐기는 가장 완벽한 방법, 상상투어!

#알차요   #친절해요   #맛있어요

 상상투어

예약문의 070-7727-6853 | www.sangsangtour.net
서울특별시 동대문구 정릉천동로 58, 롯데캐슬 상가 110호